De l'Aimant et du Magnétisme terrestre

Babinet

Paris, 1857

Édition : BoD · Books on Demand, 31 avenue Saint-Rémy,
57600 Forbach, bod@bod.fr
Impression : Libri Plureos GmbH, Friedensallee 273,
22763 Hamburg (Allemagne)
ISBN : 978-2-3225-6957-1
Dépôt légal : Mars 2025

DU

MAGNÉTISME

TERRESTRE

Hunc, homines lapidem mirantur.
« Cette pierre est merveilleuse. »
(LUCRECE, livre 6.)

Le titre de cette étude aurait dû être : « Du magnétisme en général et du magnétisme de la terre en particulier; » mais on a désigné aussi par le nom de magnétisme un ensemble de phénomènes physiologiques bien plus connus des gens du monde que le magnétisme proprement dit, qui est du ressort de la physique et de la météorologie. Or il ne s'agira ici que des propriétés physiques et de la théorie de l'aimant, enfin de la terre considérée elle-même comme un vaste aimant dirigeant l'aiguille d'acier de la boussole, aimantant le fer et permettant d'observer une foule de phénomènes intimement liés à la constitution de notre globe, à son origine et aux curieux changemens qui s'opèrent dans le cours des siècles tant à sa surface qu'à son intérieur. Je répète donc que je parlerai seulement des propriétés de l'aimantation ou du *magnétisme physique*, et pas du tout de ce qu'on a appelé à la fin du dernier siècle le magnétisme organique ou le *magnétisme animal*. J'aurais voulu aussi me dispenser de rappeler tout ce qui se rapporte à l'aimant, à son action sur le fer, aux aimans artificiels en acier, à ceux que produit le courant de la pile de Volta, et de même à toute la théorie moderne du magnétisme ramené à l'électricité. Cependant, quoique chacune de ces notions soit très simple et même familière à plusieurs personnes, l'ensemble en est rarement possédé par un seul esprit, par une seule mémoire. Excepté la géographie, qui est à peu près sue communément, j'ai toujours éprouvé qu'avant de parler en météorologie de l'électricité, de la lumière, de la chaleur, des climats, enfin de tout le jeu des lois physiques dans la nature, il fallait commencer par préciser les notions générales que la physique a consacrées relativement à chacune des classes de phénomènes que l'on veut faire connaître et expliquer.

Plusieurs des auteurs qui ont eu ainsi à exposer des notions préliminaires ont fait de véritables traités sur chaque matière, ce qui revenait à peu près à forcer le lecteur à s'instruire à fond sur la science dont on voulait faire servir les théories pour l'explication des phénomènes de la nature. Il nous suffira ici de les rappeler sans démonstration, et en choisissant exclusivement les parties de la science qui ont des rapports avec les faits que nous observons, dont nous voulons savoir la cause et prédire la marche dans l'avenir.

Depuis les siècles anciens, où les métallurgistes de l'Asie-Mineure, suivant la fable et suivant la réalité, changeaient en fer, et par suite en or, la terre ocreuse qui sur tout le globe constitue la mine de fer, on sait qu'une pierre ferrugineuse, un véritable minerai de fer, a la propriété d'attirer et de retenir ce métal. Cette qualité, la plus occulte de toutes les propriétés physiques après celle qui produit la pesanteur, étant suivie d'âge en âge, nous offre le plus intéressant combat entre la science et l'ignorance, entre l'énigme proposée par la nature au génie de l'homme et la sagacité persévérante de celui-ci. Depuis quelques années seulement, le voile a été soulevé; on a vu que l'électricité agissait sur l'aimant, on a fait des aimans avec l'électricité, puis on a vu l'aimant agir, comme l'électricité, sur des métaux quelconques sans aimantation; puis enfin avec l'aimant on a fait de l'électricité et tous ses accessoires, le feu, la lumière, les actions physiques, les actions physiologiques, les actions chimiques, et jusqu'au télégraphe électrique lui-même. Dans une étude scientifique, je n'ose nommer Midas, qui était sans doute plus fort en métallurgie qu'en musique poétique; mais avec les progrès dus au présent siècle dans la science à laquelle la pierre de Magnésie, la pierre magnétique a donné son nom, ce serait être ingrat que de ne pas citer OErsted, Ampère, Arago et Faraday.

Ainsi, sans aborder la pénible tâche d'exposer, à l'occasion du magnétisme de la terre, toute la théorie de l'aimant et de l'électricité, nous n'en prendrons que ce qui sera relatif à l'aimantation électrique de notre globe, reconnue par toutes les analogies des faits observés avec les expériences de cabinet. En admettant les notions indispensables, nous élaguerons les autres, quelque curieuses qu'elles puissent être. Rien de moins que le nécessaire, mais rien de plus. Il y a trois sortes de définitions : la définition étymologique, la définition par énumération, et la définition théorique. La première cherche dans le nom de la chose à définir des notions sur sa nature; la deuxième énumère les diverses parties dont se compose la science à définir; enfin il y a la définition théorique, qui, en attribuant les faits à une cause hypothétique, a la hardiesse de les expliquer comme des effets de cette cause supposée admise. Ici l'hypothèse fondamentale, suivant la belle idée d'Huygens, se légitime par les explications qu'elle fournit des faits connus, et par les découvertes qu'elle provoque dans ces vastes contrées inexplorées qu'on appelle l'inconnu, c'est-à-dire le domaine de l'ignorance.

Le mot de magnétisme, ou science de l'aimant, vient originairement de celui de Magnésie, nom d'une contrée métallifère de l'Asie-Mineure : « l'aimant, dit Lucrèce, que les Grecs nomment ainsi du lieu qui est sa patrie; »

Quem magneta vocant patrio de nomine Graii.

L'île d'Elbe, en Europe, pourrait au même titre réclamer l'avantage de donner son nom, *ilvaïsme*, à ces morceaux de minerai de fer noir ou gris qui sont d'excellons aimans. On en tire aussi des Pyrénées. La pierre de Magnésie ou pierre d'Hercule a été connue de toute l'antiquité. Sa propriété d'attirer et de retenir le fer a excité l'étonnement de Thalès comme celui des savans de notre siècle. La définition étymologique de l'aimant ne nous apprend donc rien, sinon que l'aimant naturel est un minerai de fer attirant ce métal. Il est même quelques minerais magnétiques qui contiennent une certaine quantité de charbon, et qui par suite, outre leur propriété magnétique, se fondent en acier naturel, sans aucun procédé de cémentation ou autre manipulation équivalente. En choisissant certains échantillons de cette *mine d'acier*, on aurait des aimans blancs.

Buffon a déjà remarqué combien il était merveilleux que, même du temps d'Homère, la langue grecque possédât une si prodigieuse richesse de mots pour exprimer tous les êtres physiques ou métaphysiques que peut connaître l'intelligence humaine. On est encore, de nos jours, forcé de recourir à ce bel idiome pour nommer directement ou indirectement une foule d'objets nouveaux. Toutefois, quant au magnétisme et aux propriétés de l'aimant autres que celle de *saisir le fer*, les Grecs n'ont rien dans leur langue qui puisse nous éclairer.

Les anciens n'ont point fait agir deux aimans l'un sur l'autre, et n'ont point vu que si ces deux aimans s'attirent fortement par deux bouts, ils se repoussent de même par les deux autres. L'orientation que donne le globe aux aimans flottans leur a également échappé. Là comme ailleurs, ils ont fait de longues théories et de courtes expériences. Lucrèce convient que ces théories ont besoin de longs circuits :

Et nimiùm longis ambagibus est adeundum.

La définition par énumération a le grave inconvénient d'énoncer des choses provisoirement inconnues : nous éviterons cet écueil en substituant à cette énumération l'historique de la découverte de chaque propriété de l'aimant.

Outre la propriété d'attirer et de retenir le fer, reconnue par les Grecs, les Romains avaient vu que si un aimant enlève un anneau de fer, cet anneau lui-même en enlève un second, et ainsi de suite, en sorte, dit Lucrèce, qu'il se fait une chaîne d'anneaux suspendus l'un à la suite de l'autre. Il est fort douteux que ce peuple, très peu observateur, ait su qu'un aimant pouvait communiquer aux corps sur lesquels il agissait la vertu dont il était doué, soit que cette propriété acquise fût passagère, comme dans le fer doux, soit qu'elle devint permanente, comme dans les barreaux d'acier et dans les aiguilles de boussole, qui sont l'un et l'autre de vrais aimans artificiels. Je ne puis préciser l'époque où l'on a su aimanter l'acier pour la première fois, et, par des assemblages de barreaux, produire des aimans bien supérieurs en force à ceux que nous donne la nature dans les minerais de fer.

S'il est curieux de voir, sans cause apparente, un aimant naturel mettre en mouvement et soutenir contre son poids une masse considérable de fer, il est encore bien plus merveilleux de voir un barreau suspendu par son milieu à un fil, une aiguille mobile sur un pivot, tourner d'eux-mêmes leurs extrémités vers les régions polaires de la terre. C'est indubitablement aux Chinois que nous devons cette admirable découverte. Au moment où la puissance de la race tartare, pesant du nord sur le sud, tant dans l'Europe que dans l'Asie, écrasait à la fois les chrétiens d'Orient, les musulmans d'Asie, les bouddhistes et les Chinois, les envoyés des souverains d'Europe, et notamment ceux de France et d'Allemagne, se rencontrèrent à la cour du grand-khan avec ceux du Céleste-Empire, et l'Europe connut à cette époque, et par ces communications, la boussole, l'imprimerie et la poudre de guerre[1]. Je supprime de curieux détails sur ces puissans dominateurs de l'Asie centrale, qui, dans l'orgueil de leur empire, avaient l'insolence de faire offrir au roi de France la charge de grand-fauconnier, et ne lui écrivaient que des lettres longues au plus de un ou deux pieds, tandis que, quand leur empire se fut affaibli en se divisant, ils recherchèrent l'alliance des souverains d'Europe pour faire diversion à des ennemis plus voisins, et envoyèrent plus courtoisement à nos rois des lettres qui avaient plusieurs mètres de long. Si ma mémoire est fidèle, ceci se passait au temps des Valois.

La boussole existe encore en Chine avec la même forme qu'au temps où elle a été importée en Europe. Je ne sais pas à quelle époque on a mis dans la boussole un barreau d'acier aimanté ou une aiguille légère à la place d'un lourd et faible aimant consistant en mine de fer magnétique. Peut-être est-ce là le perfectionnement qui fut mis en pratique à Amalfi, ville qui se vante de l'invention de la boussole, et qui sans doute n'est pas étrangère à l'adoption et à l'*utilisation* de cet instrument, pas plus que Faust et le moine Schwartz ne l'ont été à l'imprimerie et à l'emploi de la poudre de guerre. Notez que les Chinois n'ont point connu les armes à feu portatives, et ne les ont reçues que des Européens sous le nom d'*armes franques*. Il faut en dire autant de l'imprimerie avec des caractères isolés et non point en planche sculptée. Ces faits assurent les droits de ce peuple à ces trois grandes découvertes.

Quelques documens nous indiquent que les anciens avaient fait flotter des aimans sur des bassins pleins d'eau, à peu près comme maintenant, pour amuser les enfans, on fait flotter de petits poissons ou des oiseaux aquatiques dont le corps renferme un petit barreau aimanté. Ces animaux flottans viennent à l'appât d'un aimant grossièrement façonné en hameçon, et qu'on leur présente à distance. Les anciens auraient dû alors reconnaître la direction que l'aimant reçoit de l'action du globe; mais rien n'indique même qu'ils en aient distingué les deux pôles, tandis qu'il n'est point d'enfant qui, après avoir attiré son poisson flottant, ne sache retourner bout pour bout l'hameçon aimanté qu'il tient à la main pour faire reculer et fuir le poisson que l'autre bout appelait.

Avant de passer à cette propriété curieuse, remarquons que souvent on joint dans le langage scientifique les attractions magnétiques aux attractions électriques. Frottez un bâton de cire à cacheter sur la manche d'un habit sec, en allant toujours dans le même sens : il l'électrise fortement, et si on le présente à une petite balle de moelle de sureau pendue à un fil de soie, il attire vivement cette petite balle; mais sitôt que celle-ci a touché la cire électrisée, elle est à l'instant repoussée, tandis que si avec un aimant on attire un petit globe de fer suspendu de la même manière, le petit globe reste adhérent à l'aimant qui l'a appelé à lui, et même son adhérence augmente un peu avec le temps. L'explication de ce fait est du ressort de la théorie, mais il établit par soi-même une grande différence entre l'attraction magnétique et l'ai traction électrique. L'une et l'autre d'ailleurs étaient connues des anciens; seulement, au lieu de notre cire à cacheter, qu'ils ne connaissaient pas, ils employaient l'ambre jaune appelé *électron*. C'est de là, connue chacun sait, qu'est venu le nom d'électricité. Pour prévenir quelques méprises, je dirai que ce mot *électron*, dans Homère, désigne un métal précieux, alliage naturel d'or et d'argent, car les anciens, qui connaissaient fort bien l'affinage de l'or et de l'argent par le plomb et la coupellation, ne savaient pas séparer l'or de l'argent, opération comparativement récente, et qui a suivi la découverte chimique des acides.

Quant à la polarité de l'aimant, elle consiste en ce que la vertu magnétique n'est jamais distribuée également dans tous les points de la pierre naturelle ou du barreau aimanté artificiel. On reconnaît qu'elle est toujours résidente vers deux points opposés de l'aimant, et qui, si l'aimant est taillé en boule ou sphère parfaite, correspondent, pour le petit globe aimanté, aux deux pôles du globe terrestre. Ce vaste globe ayant été reconnu par son action sur l'aiguille aimantée posséder dans les régions polaires une vertu magnétique analogue à celle que possèdent les deux points opposés des aimans, le nom de pôles magnétiques passa naturellement à ces points. D'après cette assimilation, l'aimant naturel taillé en boule fut souvent appelé *terrella*, c'est-à-dire a petite terre. »

L'attraction mystérieuse des corps aimantés et électrisés une fois reconnue, il était naturel de supposer une attraction de nature spéciale pour expliquer les mouvemens célestes. Aristote avait admis que le mouvement circulaire était naturel. Pour lui, il n'y avait rien d'étonnant à voir la lune tourner autour de la terre, ainsi que le soleil et les planètes, d'après la théorie admise alors. Depuis la renaissance, quand les lois du mouvement furent mieux connues, on comprit que jamais sans cause extérieure un corps mobile ne dévie de la ligne droite et ne change sa vitesse. On admit donc vaguement, mais très rationnellement, qu'une certaine attraction du genre de l'action magnétique retenait la lune, par exemple, à une distance constante de la terre, et forçait notre satellite à décrire un cercle autour de nous. C'est ainsi qu'un cheval retenu par une longe décrit autour du palefrenier un cercle dont celui-ci occupe le centre. Borelli,

Varignon et bien d'autres avaient proposé cette explication de la cause régulatrice des mouvemens célestes. La pesanteur terrestre avait aussi été attribuée à une attraction pareille opérée par la terre sur les corps pesans. Cependant c'étaient là de sourdes rumeurs scientifiques qui ne s'entendaient pas au milieu de l'immense retentissement des fameux tourbillons de Descartes. Plus de la moitié du XVIIe siècle s'écoula ainsi.

Enfin Newton découvrit la loi de cette attraction, vaguement indiquée. Il vit qu'elle diminue avec la distance, et même plus rapidement que la distance n'augmente. Ainsi la lune, qui est soixante fois plus éloignée du centre de la terre que ne l'est de ce même centre un corps pesant situé à la surface de la terre, fut reconnue par lui être attirée non pas soixante fois moins que les corps pesans ordinaires, mais bien soixante fois soixante fois moins, c'est-à-dire trois mille six cents fois moins. Dans le même temps où la lune se rapproche de la terre de *un* mètre, un corps tombant à l'ordinaire parcourrait 3,600 mètres. C'est ce qu'on appelle la loi du carré. J'en citerai un exemple familier dans le prix du diamant. Si un diamant d'un certain poids vaut par exemple 100 fr., un diamant de même qualité, mais d'un poids double, vaudra non pas deux fois plus, mais bien *deux fois deux* fois plus, ou quatre fois plus, c'est-à-dire 400 fr. Si ce second diamant pèse trois fois plus que le premier, il faudra dire trois fois trois, ce qui fait neuf, et le prix sera de 900 fr. Enfin, si le poids est décuple, comme dix fois dix font cent, le prix du diamant dix fois plus pesant sera cent fois 100 fr. ou 10,000 fr.

Une fois en possession du secret de la nature dans la loi régulatrice des mouvemens célestes, ce grand homme révéla aux savans étonnés le système du monde tout entier. Tout fut expliqué, pesé, mesuré, prévu. Le passé, le présent, l'avenir du monde matériel furent livrés au génie de l'homme. Les perturbations célestes, la précession des équinoxes, les mouvemens inextricables de la lune, la cause des marées, la forme des planètes, le balancement de l'axe de la terre, enfin mille connaissances transcendantes jugées inaccessibles à jamais à l'intelligence humaine furent apportées en tribut à l'humanité reconnaissante et ennoblie par des conquêtes si inespérées.

J'ai souvent pensé aux jouissances que les esprits d'élite, poètes, artistes, penseurs, savans, trouvaient dans la création de leurs chefs-d'œuvre, quand ils pouvaient, comme le créateur de la nature, contemplant ce qu'ils venaient d'appeler à l'existence, *voir que cela était bon! Vidit Deus quod esset bonum* ! Or, si jamais mortel a pu sentir les joies d'un légitime orgueil, c'est sans nul doute le révélateur de la grande loi de l'univers, la loi de la pesanteur universelle rapportée à une attraction spéciale.

Voilà, dira-t-on, du style un peu trop grandiose. Mais peut-il y avoir de l'excès en ce genre quand il est question de Newton, de ce Newton que l'on rabaisse quand on dit le grand Newton?

Eh bien! baissons d'un ton...,

suivant l'expression de La Fontaine, sans quitter le même sujet. Je visite un jour un de mes savans confrères, à qui je trouve un air triste et mortifié. « Hélas! me dit-il, je travaillais depuis plusieurs mois à un sujet qui me promettait une grande découverte; elle m'échappe aujourd'hui ! — Consolez-vous, lui dis-je,

Écoutez ce récit avant que je réponde.

— Ah ! me dit mon sérieux et très lettré confrère, vous allez me réciter une fable, *le Meunier, son fils et l'âne*. — Pas du tout, il s'agit d'une histoire de pêcheur persévérant comme on admet qu'ils le sont tous. — Voyons !

« J'étais en 1829 à Slough, en vue des tours normandes du vaste château royal de Windsor, chez le fils du grand Herschel, qui n'a point dégénéré de l'illustration de son père. La vénérable veuve de William Herschel présidait encore à la soirée, et tandis que son fils et moi nous dessinions sur un papier, en discutant vivement toutes les complications de mouvement que doit éprouver une molécule matérielle pour donner naissance dans l'éther à toutes les sortes de lumière et de chaleur, des éclats de rire s'élevèrent du sein de la famille, occupée moins sérieusement que nous à la lecture du *Court-Journal*. Voici l'anecdote. Un amateur dépêche arrive dans un canton où se trouve une magnifique pièce d'eau, un vrai lac, qu'il juge très poissonneux. Il est confirmé dans son opinion par la présence d'un pêcheur qui y reste depuis l'aube jusqu'au coucher du soleil. Cependant le nouvel arrivant perd son temps et son art d'amorcer pendant toute la journée. La même chose se renouvelle le jour suivant, et il convoite la place choisie par le pêcheur de la veille, qui ce jour-là n'avait pas été moins assidu à son poste qu'à l'ordinaire. Il lui faut cette place à tout prix. Le lendemain donc il arrive avant le jour, l'autre y est déjà. Notre homme, comme les jours précédens, jette sa ligne sans succès. Piqué au vif, il prend une résolution héroïque. Il fait des provisions convenables en tout genre, et sitôt que son rival a quitté l'endroit privilégié, il s'y installe et y passe la nuit. Le matin arrive, et l'autre pêcheur aussi; mais la place étant occupée, celui-ci va pêcher plus loin. Cependant l'usurpateur n'en est pas plus heureux pour cela. Le soir venu, en quittant sa position enviée, il va trouver l'autre et lui dit humblement : Je conviens que je me suis rendu coupable d'un mauvais procédé à votre égard; mais vous me le pardonnerez sans doute quand vous saurez que, malgré toute l'expérience que je crois posséder dans notre partie et surtout pour amorcer, non-seulement je n'ai rien pris aujourd'hui, mais je n'ai pas même vu un seul poisson !

— Cela ne me surprend nullement, lui répond gravement son interlocuteur, car voilà trois mois que je viens ici, moi, tous les jours, et je n'ai pas encore vu mordre une seule fois! — Permettez-moi, dis-je à mon confrère, de faire, comme dans *les Mille et une Nuits*, l'application de mon conte. Vous vous plaignez d'avoir perdu quelques mois dans une recherche qui a trompé vos espérances, et moi, voilà près d'un demi-siècle que j'amorce une grande découverte sans avoir encore rien vu mordre à mon hameçon. Continuez de chercher, et vous trouverez... peut-être! »

Longtemps après Newton, Coulomb démontra que la loi des deux attractions autres que celle qui fait la pesanteur était la même que la loi de la pesanteur universelle, savoir l'inverse du carré des distances. Depuis Thalès, on avait déjà étudié de toutes les manières possibles l'action occulte des corps aimantés, on avait fabriqué de puissans aimans artificiels, mais rien n'avait pu donner à espérer que la force magnétique laissât pénétrer son mystère. Comme pour la source du Nil dont parle Lucain, la nature triomphait à rester cachée :

Sed viucit adhùc natura latendi.

Tous ceux qui ont écrit sur la physique et tous les recueils académiques tiennent le même langage jusqu'en 1820. La théorie de l'aimant, ce grand progrès de la science, était réservée à notre époque.

Jusqu'au XIXe siècle, la mine de fer dite aimant naturel et les barreaux d'acier aimantés avaient été, avec le globe terrestre, les seuls corps magnétiques connus. Dans les premières années de ce siècle, on trouva que deux métaux autres que le fer, savoir le nickel et le cobalt, partageaient avec celui-ci la vertu magnétique; mais on avait cru que c'était peut-être parce qu'ils contenaient une certaine quantité de fer. On doit nommer notre célèbre chimiste Thénard, avec Sage, parmi ceux qui ont les premiers expérimenté le magnétisme du nickel. Plus tard, Laugier ayant réussi, par une habile analyse, à isoler parfaitement le cobalt du nickel, le magnétisme de ces deux métaux, à l'état de pureté absolue, fut constaté sans indécision, et l'on eut trois métaux magnétiques, le fer, le nickel et le cobalt. C'était un fait curieux, mais qui n'apprenait encore rien sur la nature du magnétisme.

En 1820, le monde savant possédait déjà depuis un quart de siècle la pile électrique due à Volta, et on avait fait avec ce prodigieux instrument une infinité de recherches mécaniques, physiques, chimiques et physiologiques, lorsqu'un savant danois, OErsted, découvrit qu'un fil métallique transmettant le courant électrique de la pile agit fortement sur l'aiguille aimantée, et la dirige en travers de sa propre direction. Ainsi le fil métallique conducteur du courant de la pile de Volta, tendu de l'est à l'ouest, place l'aiguille aimantée, quand elle est libre, dans la direction du nord au sud. Si le courant va lui-même du nord au sud, l'aiguille pointe de l'est à l'ouest. Enfin dans tous les cas elle affecte une direction transversale à celle du fil électrique qui agit sur elle. OErsted, par cette grande découverte, avait tiré l'action magnétique de son isolement. L'électricité avait aussi une action magnétique. OErsted avait été le Christophe Colomb du magnétisme; Ampère en fut le Pizarre et le Fernand Cortès. Ce grand physicien se distingua par un trait de génie : il admit et prouva que l'électricité seule était la cause des propriétés de l'aimant. L'aimant n'est, suivant lui, qu'un assemblage spécial de courans électriques, et en effet, en disposant de pareils courans, il obtint de véritables aimans par la seule électricité transmise le long des contours d'un fil métallique enroulé en spirale ou en hélice. Ces appareils ingénieux ont des pôles et sont dirigés par le globe du nord au sud. De plus, on voit que, pour expliquer l'action mystérieuse sur l'aiguille aimantée, il suffit d'admettre dans le globe des courans électriques dirigés de l'est à l'ouest, et d'après ce qui a été dit plus haut ces courans disposeront l'aiguille aimantée nord et sud exactement comme le donne l'expérience de la boussole. La loi des actions des appareils électriques fonctionnant comme des aimans fut trouvée la même par l'expérience que celle des aimans précédemment connus, c'est-à-dire l'inverse du carré des distances. Enfin, au moyen de l'action de l'électricité sur le fer doux, on fit des aimans capables déporter non point seulement quelques kilogrammes, mais bien le poids de *plusieurs* pièces de canon. Dans un livre publié en 1822 par Ampère et par moi, on trouvera l'idée de transmettre des signaux par le courant de la pile agissant sur l'aiguille aimantée. Le chapitre porte ce titre : *Télégraphe électro-magnétique*. Ainsi Ampère est le véritable inventeur du télégraphe actuel, et je pense que personne maintenant ne lui dispute cette grande gloire utilitaire.

Arago avait trouvé qu'un aimant placé dans le voisinage d'une plaque métallique qui n'agit pas sur lui devient sensible à l'action de la plaque quand on met celle-ci en mouvement. En tournant, elle entraîne le barreau aimanté, quoique celui-ci soit renfermé dans une boîte et complètement à l'abri de l'influence de l'air mis en mouvement par la plaque tournante. C'était un fait inexplicable dans une partie de la physique déjà éminemment obscure. On enregistra le fait et on attendit, tout en l'étudiant sous toutes ses faces. M. Herschel, dont nous avons parlé tout à l'heure, aussi bon physicien que grand astronome, renversa l'expérience d'Arago, et en faisant tourner l'aimant sous la plaque et non pas la plaque sous l'aimant, il vit la plaque suivre le mouvement du barreau aimanté mis en mouvement rotatoire.

On avait donc, indépendamment de l'expérience d'Arago, constaté qu'avec de l'électricité on pouvait faire de l'aimant; mais comment avec des aimans faire de l'électricité? Si, suivant Ampère, un aimant est un ensemble, un système de courans électriques, comment retirer cette électricité de l'intérieur du corps magnétique, où elle est sans doute disposée en courans circulant tout à l'entour des particules minimes, des atomes qui constituent les corps solides, liquides ou gazeux? Comment saisir ces courans infiniment petits pour les forcer à se manifester par les actions ordinaires qu'exercent les agens électriques connus?

C'est ce résultat qu'a obtenu M. Faraday, qui, interprétant l'expérience d'Arago comme l'effet de courans que l'aimant ferait naître dans la plaque mobile, eut l'heureuse idée d'essayer de recueillir ces courans, comme cela se pratique pour le courant de la pile de Volta. L'aimant devint entre ses mains une puissante machine électrique avec laquelle il reproduisit tous les phénomènes. Tout fut obtenu, attractions, répulsions, étincelles, actions chimiques, chaleur, lumière, commotions nerveuses, action sur l'aiguille aimantée, direction par le globe. Un caractère tout à fait nouveau dans les forces de la nature signale celles dont on doit la découverte à M. Faraday, c'est qu'elles cessent d'agir au moment où le mouvement cesse, à peu près comme ferait une flèche qui percerait tant qu'elle serait en mouvement progressif, mais dont la blessure disparaîtrait au moment même où la flèche cesserait d'avancer.

Si on veut bien, dans le résumé historique que je viens de tracer, prendre à part les diverses propriétés du magnétisme qui y sont exposées, on aura par énumération la définition et le tableau du magnétisme physique; mais cette énumération serait loin d'être complète. Ainsi elle ne comprend ni les nombreux phénomènes connus sous le nom de *diamagnétisme'* ***et de paramagnétisme*, ni le magnétisme des gaz eux-mêmes, car l'oxigène, ce roi de la nature, a été** reconnu avoir les propriétés de l'aimant, même quand il conserve son état de fluide aériforme.

Je ne puis omettre une dernière découverte de M. Faraday, relative à l'action de l'aimant sur la lumière. La physique possède les moyens de distinguer dans un rayon de lumière ses différens côtés, comme, pour une flèche, on peut distinguer les divers côtés par la position du fer aplati dont elle est armée, et qui suit le mouvement de la flèche quand celle-ci tourne sur elle-même. Eh bien! M. Faraday, par une aimantation électrique, a fait tourner sur lui-même un rayon de lumière. C'est sans doute là le germe de futurs progrès pour la science de la lumière et pour la connexion qui sans doute existe entre ce principe et l'électricité, comme aussi entre l'électricité et la chaleur. C'est une contrée entrevue pendant une course rapide sur une voie ferrée avec les ailes de la vapeur, et qui promet de riches trésors à une exploration tranquille et sérieuse. C'est une perspective ouverte à de nouveaux progrès dans la connaissance des agens essentiels de la nature, comme l'expérience d'OErsted fut le point d'où partit Ampère pour établir que tous les phénomènes de l'aimant ne sont que des effets électriques.

Avant ce puissant génie, les physiciens étaient forcés d'admettre deux agens spéciaux, l'un pour le magnétisme, l'autre pour l'électricité. Ampère, en ramenant le magnétisme à l'électricité, simplifia la nature et rehaussa, comme Newton, l'intelligence humaine en agrandissant son domaine. Sa gloire, comme celle de tous les savans qui, suivant l'expression de Fresnel, n'ont point courtisé la renommée, grandit d'année en année depuis sa mort, et grandira indubitablement encore dans la postérité.

La belle théorie d'Ampère, qui malheureusement n'est pas susceptible d'une exposition élémentaire, peut être donnée comme une définition théorique du magnétisme, qui sera dans ce sens regardé comme étant le résultat de l'action de courans électriques convenablement disposés autour des particules de l'aimant. Le magnétisme du globe terrestre dans la même théorie sera dû à des courans électriques allant de l'est à l'ouest, courans dont l'existence ne peut être révoquée en doute. Quand on songe du reste que tout l'organisme vital des plantes et des animaux fonctionne par l'électricité, on ne peut assez s'étonner que l'agent dont Thaïes notait seulement dans l'*électron* les attractions à distance soit devenu, pour ainsi dire, dans la nature inanimée comme dans la nature vivante, le principe fondamental de la constitution des êtres. L'électricité, c'est tout.

Oserons-nous faire un pas de plus et regarder l'électricité elle-même comme un des effets de ce fluide subtil, universel, dont la lumière et la chaleur démontrent presque mathématiquement l'existence, et dont le nom emprunté à Aristote, l'éther, nous représente aujourd'hui un milieu qui est pour la lumière et la chaleur ce que l'air est pour le son et pour le bruit? Métaphysiquement, et pour les esprits ambitieux que le doute et l'ignorance irritent et humilient, les spéculations sur le possible ou même sur l'inconnaissable peuvent avoir leur charme. Les bons esprits savent ignorer et attendent pour savoir. Dans les sciences d'observation, on fait peu de cas des théories qui ne se traduisent pas en découvertes de fait. Un de nos vieux proverbes dit : « Tant vaut le métier, tant vaut l'homme. » Disons que dans les sciences positives tant valent les applications, tant vaut la théorie.

Beaucoup de personnes sensées, en apprenant que le magnétisme a été expliqué par l'électricité, se figurent qu'on a pénétré le secret de ses attractions et répulsions. Rien de pareil. Seulement on a fait dépendre celles-ci des attractions et des répulsions des courans électriques, qui restent d'ailleurs elles-mêmes complètement inconnues dans leur nature. Au lieu de deux agens hypothétiques, on n'en a plus qu'un seul. C'est beaucoup gagner en simplicité, mais enfin ce n'est pas le dernier mot de l'énigme, que sans doute nous ne saurons jamais.

Il ne faudrait pas conclure de mes paroles que je ne fais aucun cas des spéculations métaphysiques. Il n'y a rien à négliger ou à sous-évaluer (qu'on me passe ce mot anglais) dans le domaine de l'intelligence. Seulement il ne faut pas vouloir faire de la physique avec des spéculations purement philosophiques. Descartes et les profonds penseurs qui l'ont précédé ont montré l'impuissance de l'esprit humain quand il s'agit de *deviner* la nature. Trop heureux encore celui qui sait modestement la comprendre en l'étudiant avec de grands efforts, en suivant la méthode baconienne de l'induction et de la vérification expérimentale des prévisions théoriques! Cette marche d'aveugle qui avance en tâtonnant des pieds et des mains, qui ne fait un pas nouveau qu'après s'être assuré dans le pas précédent, semble au premier abord être peu noble. C'est l'antagonisme de l'école d'Aristote contre celle de Platon, ou bien celui de Newton contre Descartes. A en juger par les succès obtenus, la victoire est au camp des expérimentateurs.

La métaphysique et la philosophie ont assez à faire dans leur propre domaine sans qu'on les appelle sur un terrain qui n'est pas le leur. Et d'ailleurs ce n'est pas leur donner une fâcheuse exclusion que d'adopter la méthode d'induction, qui est au fond tout aussi philosophique que la méthode que j'appellerai divinatoire. Je finirai par ces belles paroles d'Aristote : « La philosophie, prenant l'intelligence pour guide, a contemplé les objets célestes les plus distans de nous, et a osé y aller chercher la vérité. » C'est cette recherche de la vérité que Pythagore, qui inventa et prit le nom de philosophe (alors titre de modestie), déclarait être celle de toutes les tendances de l'esprit humain qui le rapproche le plus de la Divinité. Pour parler plus simplement encore, rappelons cet apologue oriental : « Quand Dieu eut privé l'esprit humain de la science infuse qu'avait indubitablement possédée notre premier père Adam, l'ignorance s'applaudit et espéra régner sans obstacle; mais son triomphe ne fut pas absolu, car Dieu, en retirant la science à l'homme, lui laissa la curiosité. »

il reste à exposer les résultats des actions électriques et magnétiques quand elles se déploient dans le vaste champ de la météorologie, pour laquelle le globe entier n'est qu'un immense laboratoire ou cabinet de physique, et dont tous les phénomènes sont les expériences de physique de la nature. Ce sera l'objet d'une prochaine étude.

BABINET, de l'Institut.

1. ↑ Voyez là-dessus les mémoires de la Société Asiatique.

DU

MAGNÉTISME

TERRESTRE

II

Lorsque nous comparons notre science physique actuelle à celle des siècles passés, nous sommes fiers des acquisitions dues à notre âge, mais nous serions sans doute plus modestes si nous pensions à l'opinion qu'auront de nous nos descendans, à tout ce qu'ils sauront parmi les choses qui nous sont aujourd'hui inconnues, et surtout parmi les secrets de la nature dont nous ne soupçonnons même pas l'existence. Un morceau d'ambre jaune, de succin, d'électrum, est frotté, il attire les petits corps mobiles. Il en est de même d'une pierre cristallisée appelée *lyncurium*, qui, étant chauffée, attire et retient les cendres et les corps légers. C'est sans aucun doute la pierre que nous appelons *tourmaline*, et qui chez les bijoutiers portait le nom vulgaire de *tire-cendre*. Voilà à peu près toutes les expériences de cabinet des anciens sur l'électricité. Puis d'incroyables confusions. Ainsi certains auteurs indiquent qu'il faut chauffer et non frotter le succin pour le rendre attractif. Quelques-uns admettent deux sortes d'aimant, dont l'un attire le fer et l'autre l'or :

Et trahit hic ferrum magnes, ille attrahit aurum,

dit le célèbre jésuite Famianus Strada, qui a mis en vers latins et en action cette vieille erreur grecque. Alors avec un aimant et des anneaux d'or on eût pu faire la chaîne pendante, comme avec les anneaux en fer des chevaliers romains qu'Annibal mesurait par boisseaux après la bataille de Cannes. Excepté pour l'astronomie, les anciens n'ont pas brillé dans les sciences d'observation. La météorologie les a forcés de voir quelques-uns des effets de l'électricité dans la nature. Les phénomènes de la foudre entre autres n'ont pu leur rester inconnus, et les aruspices étrusques savaient, dit-on, soutirer et détourner ce terrible météore. C'est en se livrant à une opération de ce genre que Tullus Hostilius, l'un des premiers rois de Rome, fut foudroyé pour avoir mal suivi les règles établies. Plusieurs de nos *électriciens* modernes, Musschenbroëk, Romas et Charles, ont frappé des animaux d'étincelles foudroyantes dérobées aux nuages orageux. La même expérience fut faite sans doute en Étrurie, et on tua par ce procédé un monstre qui faisait de grands ravages dans la contrée, et qui, chose singulière, portait le nom de Volta. Les aigrettes électriques qui se montrent en temps d'orage sur les pointes aiguës et proéminentes des corps avaient été observées, et les marins connaissaient sous le nom de Castor et Pollux ou sous celui d'Hélène ce qu'on appelle aujourd'hui le feu Saint-Elme. César rapporte que les javelots de la cinquième légion avaient spontanément paru en feu. Tout cela était de l'électricité dans la nature ; mais en supposant qu'on eût saisi l'analogie de ce phénomène avec les pétillemens que produisent parfois les corps frottés, on aurait compliqué la question au lieu de la simplifier, puisqu'on aurait eu plusieurs effets divers à expliquer à la fois. Ce n'est pas ainsi que la nature livre ses secrets ; elle en est bien plus avare. La science est comme la richesse : elle se glane, elle ne se moissonne pas.

Au milieu du XVIIe siècle, Otto de Guéricke, l'auteur de la machine pneumatique, fit aussi une machine électrique avec un globe de soufre *gros comme la tête d'un enfant*, qui tournait rapidement et qui était frotté par un petit coussin ou par la main bien sèche. Il obtint des quantités assez considérables d'électricité ; mais ce ne fut que quand Gray et Wheler eurent trouvé le moyen de conserver l'électricité sur les corps, en les posant sur des supports qui ne la laissaient pas s'écouler, qu'on fut vraiment en possession de cet agent physique si singulier.

Le verre, la soie, la résine, la gomme laque, le soufre aussi bien que l'air sec, ont la propriété d'arrêter l'électricité et de s'opposer à sa déperdition. Que de temps avant d'arriver à ce beau résultat ! que d'expériences pour confirmer cette propriété ! La machine d'Otto de Guéricke fut construite sur un plus, grand modèle, et on y employa des globes de verre d'une grande dimension au lieu de globes de soufre. Le corps humain tout entier put être chargé d'électricité, et l'abbé Nollet se vante d'être le premier qui ait tiré une étincelle d'un individu isolé sur des supports de verre ou porté par des cordons de soie. En plaçant une forte planche carrée sur quatre bouteilles neuves et bien sèches, nos aïeux, qui ne connaissaient pas nos fastueux tabourets électriques à pieds de cristal, isolaient à peu de frais les gens destinés à être électrisés ; mais si ceux que supportait cette planche mal assujettie sur quatre fortes bouteilles se permettaient quelques mouvemens un peu trop vifs, l'échafaudage se renversait et se brisait. Celui qui était dessus s'en tirait comme il pouvait. D'autres fois, une planche suspendue par de forts cordons de soie recevait celui qui était destiné à être électrisé couché à plat-ventre, dans la posture la plus fatigante et la plus disgracieuse. Quand une personne ainsi électrisée touche du bout du doigt un petit vase plein d'esprit-de-vin, elle y met le feu par l'étincelle électrique, et on ne manquait jamais de faire l'expérience. Je fais grâce au lecteur des vers fades de l'abbé Delille sur l'expérience où une jeune personne électrisée distribue des étincelles. Le moins prétentieux est celui-ci :

La belle voit sans peur ces flammes sans courroux.

L'abbé Nollet, incarnation de la médiocrité, triomphait en France chez les bourgeois et à la cour, lorsqu'arriva de Leyde la fameuse expérience de la commotion nerveuse que donne l'appareil appelé *bouteille de Leyde*. Il ne s'agissait plus ici de simples étincelles piquantes, c'était une commotion presque foudroyante qui tuait les animaux, et sous plusieurs points de vue imitait la foudre céleste. Nollet à la cour de France et à celle de Turin fut réduit au rôle de démonstrateur de ce qu'il n'avait pas trouvé. Plus tard, quand Franklin eut soutiré la foudre des nuages par le moyen d'un cerf-volant à ficelle métallique, et que par ses paratonnerres il eut préservé les édifices publics et particuliers, l'abbé Nollet fit connaître encore une découverte étrangère. Toujours satisfait de lui-même, il démontra ce théorème, que j'ai souvent vérifié moi-même : à savoir qu'il serait plus facile de donner de l'esprit à un sot que de lui persuader qu'il en est dépourvu.

En attendant, la science marchait. Plus tard, Coulomb mesurait les forces électriques, et s'assurait qu'elles suivent la même loi que l'attraction, c'est-à-dire qu'elles agissent en raison inverse du carré des distances. Ainsi à une distance double la force de l'attraction électrique est deux fois deux fois ou quatre fois moindre ; à une distance triple, elle est trois fois trois fois ou neuf fois moindre, et ainsi de suite. Enfin Volta parut.

Si après avoir coupé une grenouille en deux on dépouille le train de derrière de sa peau comme pour faire du *bouillon de grenouille* pour un poitrinaire, on trouve que les membres postérieurs du batracien sont éminemment sensibles à l'action de l'électricité, et quand on tire une étincelle d'une machine électrique placée dans le voisinage, les cuisses et les vertèbres inférieures de l'animal manifestent de violentes contractions. Galvani imagina que cet effet était produit par une espèce particulière d'électricité animale, et cette heureuse ignorance le conduisit à une découverte qui dans les mains habiles de Volta changea la face de la science, à peu près comme Christophe Colomb ne sut jamais qu'il avait découvert un nouveau monde, et qu'il n'était pas en Asie quand il était sur un continent nouveau, avec une erreur d'un peu plus de la moitié de la terre. Volta de Pavie, interprétant une expérience de Galvani, dont celui-ci n'avait pas saisi le sens, établit que deux métaux en contact s'électrisent, quoiqu'à la vérité bien faiblement, d'où il conclut que si l'on *empilait* l'un sur l'autre un grand nombre de couples métalliques, séparés par des pièces non métalliques, on augmenterait l'effet à volonté. Cette *pile* de doubles disques de métal (zinc et cuivre) dépassa l'attente de Volta. Comme cet appareil se rechargeait de lui-même, il présenta une efficacité prodigieuse. Il produisit de violentes commotions organiques sur les hommes et sur les animaux vivans ou récemment tués. Il décomposa chimiquement les corps ; il donna une chaleur supérieure à celle des fourneaux les plus actifs, et une lumière rivale de celle du soleil ; il mit en mouvement des ateliers mécaniques ; il produisit des dépôts solides par les procédés galvanoplastiques. Enfin, dans toutes les actions de la nature, soit mécaniques, soit physiques, soit chimiques, ou enfin physiologiques ou vitales, l'électricité de cette pile, qui n'existait pas avant 1794, régna sans qu'aucune force pût lui être comparée, et plus tard elle se chargea même de transmettre les dépêches télégraphiques. Ceux qui aiment à voir les grands hommes en déshabillé apprendront avec intérêt que Volta était le fléau de la conversation par ses interminables calembours. « Je m'en vais, disait le célèbre anatomiste Scarpa, de la même ville que Volta. Je ne résiste plus à cet insipide faiseur de jeux de mots ; *a questo freddaio non più resisto.* — Ah ! Scarpa, dit Volta en s'élançant sur ses pas, dites : *Papa sisto*, et non pas *rè sisto* (dites « le pape *Sixte*, » et non « le roi *Sixte* ! »). Et moi je dis qu'il est permis d'être un *freddaio*, un *mauvais plaisant*, quand on a doté la science et l'humanité de la pile de Volta, et qu'on a mérité une statue élevée au, centre de l'Europe par la civilisation reconnaissante.

Mais je n'ai pas encore fait connaître la propriété la plus merveilleuse de la pile de Volta : c'est que les fils où passe le courant électrique sont aimantés. J'en ai dit un mot seulement dans la première partie de cette étude. OErsted le Danois, en 1820, trouva qu'un fil qui transmettait l'électricité de la pile agissait sur l'aiguille aimantée et la dirigeait *en travers* de sa direction. Ampère s'empara de ce fait, qui avait épuisé le génie peu étendu d'OErsted, et il en conclut que si la terre dirige les aimans du nord au sud, c'est qu'elle est parcourue par des courans électriques qui vont de l'est à l'ouest. Tout porte à croire en effet qu'en vertu de son mouvement diurne de l'ouest vers l'est, la terre peut être considérée comme ayant dans son intérieur des courans allant de l'est à l'ouest, non pas tout à fait exactement, mais à peu près, à cause de ses inégalités de conformation, en faisant l'office d'une vaste pile dont le courant aurait la direction indiquée plus haut. Cette hypothèse admise, les aiguilles aimantées devaient se mettre nord et sud, en vertu d'un courant est et ouest. Il y a plus, ces aiguilles suspendues librement devaient plonger par la pointe la plus voisine du pôle, ce que l'expérience avait appris depuis longtemps. Au reste, l'expérience a été faite en Angleterre. On a recouvert de fils métalliques allant de l'est à l'ouest un grand globe représentant la terre, et quand le courant de la pile parcourait ces fils, on voyait ce globe, artificiellement électrique, produire les mêmes effets que la terre, diriger l'aiguille aimantée du nord au sud, l'incliner vers le pôle voisin, et enfin la ramener par des oscillations plus ou moins rapides à sa position de repos définitif, suivant les mêmes lois auxquelles obéit la terre, ramenant par oscillations la boussole ordinaire à sa position d'équilibre définitif. Depuis l'ouvrage de Gilbert, publié en 1600, on savait que le globe terrestre se conduisait comme un vaste aimant. Ampère, en 1820, nous dit : « C'est à des courans voltaïques que le globe doit cette propriété d'être un grand aimant ; l'aimantation, le magnétisme, ne sont que de l'électricité. Avec de l'électricité seule, on peut reproduire tous les phénomènes des aimans sans fer ni acier, ni mine de fer, de l'île d'Elbe ou des Pyrénées, ou de l'Asie-Mineure. » Je me bornerai aujourd'hui à ces notions, dont l'importance appelle des développemens qui nous serviront, en définitive, à étudier le globe terrestre sous le point de vue de son aimantation avec toutes les mille modifications que les localités, l'épaisseur des continens, la position du soleil, l'influence des saisons, des ans et des siècles, introduisent dans ce vaste système électrique, et par suite magnétique, d'après les lois établies par Ampère et par ceux qui l'ont suivi dans le second quart de notre siècle. Nous allons donc essayer de comprendre comment la terre est une vaste machine électrique, comment l'électricité circule dans sa masse et à sa surface, ce qui entretient cette pile en perpétuelle activité, enfin ce qui produit les changemens journaliers, mensuels, annuels et séculaires que l'observation y fait reconnaître, et de plus nous dirons un mot de l'électricité qui nous donne les aurores boréales, météores dont la cause est encore fort obscure.

Toutes les fois que deux substances de nature différente sont en contact, elles s'électrisent mutuellement, c'est-à-dire que l'une prend un léger excès d'une sorte d'électricité, et que l'autre prend en même excès l'électricité contraire. Le seul contact suffit pour opérer cette électrisation ; mais si de plus les deux corps en contact frottent l'un contre l'autre, alors l'électrisation est bien plus énergique qu'avec le simple contact.

Or c'est ce qui se produit probablement dans la terre, d'après la constitution géologique de ce globe, formé d'une enveloppe solide d'environ 60 kilomètres d'épaisseur, qui constitue les continens et le fond des mers, et d'un vaste noyau de matière fondue et encore fluide de chaleur, sur lequel flotte l'enveloppe solide ou la croûte solidifiée, qui, en se brisant de temps en temps et dans certaines localités, laisse arriver à ciel ouvert les matières fondues de l'intérieur sous forme de laves volcaniques. On peut se figurer la surface d'un étang couverte d'une couche solide de glace produite par le froid, et qui, étant brisée en quelques endroits, laisse arriver à l'affleurement l'eau qui est en dessous, laquelle, se congelant à son tour, ressoude pour ainsi dire la surface brisée et reproduit la continuité de la croûte solidifiée. Voilà à peu près l'image de ce qui se passe après un tremblement de terre, qui produit un craquement, une fente, une fêlure dans l'enveloppe solide qui porte nos continens. La portion liquide, la lave intérieure de la terre se solidifie dans la fente par où elle s'est élevée jusqu'aux bords de la cassure du continent, et rétablit la continuité de la croûte solide, qui avait subi momentanément une fêlure locale. Ces phénomènes, en troublant la réaction électrique de la surface et de la masse centrale, doivent influer sur l'état électrique, et par suite troubler l'aiguille aimantée dans sa direction. C'est en effet ce que l'on observe constamment, et même, comme il est resté quelque chose de dérangé dans la position relative de la croûte continentale et du fluide incandescent qui la porte, on observe dans les localités voisines une altération permanente dans la direction de l'aiguille ; mais n'anticipons pas sur ce qui se rapporte proprement à l'aimantation du globe et à ses perturbations accidentelles, soit passagères, soit permanentes.

On doit considérer qu'à mesure que le noyau central de la terre diminue de volume par suite d'un refroidissement séculaire excessivement lent, les masses continentales qui reposent sur ce noyau se rapprochent du centre de la terre. Or la mécanique nous apprend qu'en vertu de la conservation du mouvement, les continens, en se resserrant vers l'intérieur du globe, doivent tourner un peu plus vite que la masse centrale, jusqu'à ce que le mouvement se soit égalisé et réparti dans tout l'ensemble ; mais la communication de mouvement entre une enveloppe solide et une masse centrale fluide doit être fort lente, et probablement cette égale répartition de mouvement qui ferait que le globe tournerait tout d'une pièce comme un corps solide ne s'est point encore opérée depuis la grande catastrophe dernière qui a établi les continens de l'ancien et du nouveau inonde, et les bassins de l'Océan-Atlantique, de l'Océan-Pacifique, ainsi que ceux de la Mer des Indes et des deux mers polaires. Cela est indiqué de bien des manières, et notamment par l'espèce de pivotement que les géologues admettent le long des côtes de la mer, à la hauteur du nord de la France, toutes les côtes paraissant baisser d'un côté et se relever de l'autre. En un mot, la forme de la terre, brusquement changée au moment de cette grande catastrophe, semble arriver lentement à un état définitif, qui durera ensuite des millions de siècles à cause de la lente déperdition de chaleur centrale qui assure au noyau fluide une grande constance dans son volume et dans ses dimensions. Quoi qu'il en soit de cet état futur de notre terre en partie solide et en partie fluide, tout tend à faire tourner l'enveloppe solide plus rapidement que le noyau central, et par suite à produire de l'un sur l'autre un frottement qui se traduit en production intense d'électricité. La surface solide et froide prenant l'électricité dite positive, qui est l'état électrique que prend le verre frotté sur une étoffe, et la masse centrale prenant l'état électrique analogue à celui que prend la cire à cacheter ou le succin frotté sur une étoffe, et que l'on appelle électricité négative, que vont devenir ces électricités produites, et comment feront-elles par leur transport un courant électrique ?

L'expérience nous apprend qu'un transport d'électricité positive dans un sens fait précisément le même effet qu'un transport d'électricité négative en sens contraire. Ainsi une machine électrique formée d'un globe de verre, et dont l'électricité s'écoule vers la droite, donne exactement le même effet qu'une machine formée d'un globe de soufre dont l'électricité irait de la droite vers la gauche. Cela est si vrai, que si l'on produit à la fois les deux écoulemens électriques, les deux courans de nature différente se neutralisent complètement. L'expérience a été faite par Franklin en Amérique, On peut donc se borner à indiquer.le sens de transport de l'une des électricités, et l'on s'est décidé à indiquer, on ne sait pourquoi, le sens de transport de l'électricité que prend le verre, et qui s'appelle l'électricité positive. Remarquons que rien ne légitime le choix du nom d'électricité positive pour celle du verre plutôt que pour l'électricité que prend la cire à cacheter ou le succin. D'après certaines idées théoriques, Ampère, que, dans cette partie de la science, on ne peut trop louer et trop admirer, était d'avis que les honneurs auraient dû être faits à l'électricité du succin et non à celle du verre. Tous nos lecteurs, du reste, sentiront que les noms importent peu, pourvu qu'on ne fasse pas de confusion, et définitivement nous dirons qu'un courant électrique marche à l'est quand il résulte d'électricité positive transportée vers l'est, ou d'électricité négative allant vers l'ouest, tandis qu'un courant vers l'ouest résultera soit d'électricité positive marchant vers l'ouest, soit d'électricité négative marchant en sens contraire vers l'est.

Avant d'aller plus loin, je ferai remarquer que l'atmosphère terrestre, qui repose sur les continens par sa partie inférieure, doit leur emprunter par contact de l'électricité positive, et quand elle n'est pas troublée, elle doit, dans son état normal, indiquer un état constant d'électricité positive. C'est ce qu'on observe en effet. Si, quand l'air est pur et qu'on est en plaine, on lance un petit gallon retenu par une ficelle conductrice, on en tire tout de suite des étincelles. Il suffit même d'un corps métallique soulevé au bout d'une longue perche pour en obtenir. Si l'on veut se contenter d'un électromètre à pailles, il suffira de l'élever d'un mètre, ou d'un demi-mètre même, pour voir les pailles s'écarter en vertu d'une électricité fort sensible. Saussure, dans les Alpes, vissait son électromètre au bout de son bâton de voyage, et, soit qu'il montât, soit qu'il descendît, les pailles divergeaient par l'électricité qu'elles prenaient à l'instant. J'ai bien des fois sondé l'état électrique de l'atmosphère avec une ligne à pêcher qui portait un simple fil de métal, fixé d'un bout au haut de la ligne par un bâton de cire à cacheter, tandis que l'autre bout était noué au bouton métallique de l'électromètre à pailles ou à feuilles d'or.

Savary, qui, ainsi que moi, avait beaucoup étudié la théorie d'Ampère, et dont une mort prématurée a rejeté le profond mérite dans l'ombre en ne lui permettant pas de publier les résultats de ses recherches, quoiqu'elles fussent déjà complètes, Savary, dis-je, après une conversation que nous avions eue ensemble, avait imaginé d'enfermer du mercure, ou un autre corps fluide et conducteur, dans l'intérieur d'une sphère de verre, et de voir s'il n'obtiendrait pas ainsi par rotation des courans analogues à ceux de la terre. Il m'avait même demandé le secret sur son expérience projetée. Il me semble que c'est lui rendre justice que de lui restituer cette idée, si elle est bonne, et dans le cas contraire j'en prends volontiers le blâme à mon compte. En y réfléchissant depuis, j'ai pensé qu'une enveloppe métallique, avec un liquide conducteur de l'électricité à l'intérieur, serait plus convenable que la sphère ou enveloppe de verre qui ne conduit pas l'électricité, et sans doute Savary eût fait lui-même cette modification à son projet d'expérimentation. Ces petits perfectionnemens à des projets d'expériences sur lesquels on est consulté deviennent une véritable iniquité quand l'homme consulté veut s'en réserver la propriété, et en bonne justice on ne doit jamais admettre de pareilles prétentions, et encore moins les réclamations qui pourraient en être la suite. Je ne me souviens pas de la vitesse que Savary avait l'intention de donner à son appareil.

Si nous admettons que le globe soit un grand appareil de ce genre, nous pouvons déterminer dans quel sens marchent les courans du globe. Les continens, nous l'avons dit, doivent tourner un peu plus vite que le noyau central, tout en prenant de l'électricité positive. Or la terre tourne vers l'est, puisque c'est de ce côté que nous voyons l'horizon, en s'abaissant, faire naître la vue des objets célestes placés dans cette région du ciel ; ces courans suivront donc cette direction par le transport vers l'est de l'électricité positive. C'est aussi ce qu'indique très bien l'aiguille aimantée, qui est dirigée précisément comme elle le serait par un courant ordinaire de la pile de Volta dirigé de l'ouest à l'est.

Comme nous attribuons le magnétisme de la terre à son état électrique et à ses courans voltaïques, on ne trouvera pas mauvais que j'insiste sur cet objet, auquel cette étude est principalement consacrée. Je dirai donc que, si, par la réaction d'une enveloppe froide sur un noyau bien plus chaud et par un frottement résultant d'une différence de vitesse rotatoire, les continens prennent à la masse centrale de l'électricité positive, cet effet doit être plus prononcé dans les régions équatoriales. Dans les régions polaires, qui comparativement sont en repos, les deux électricités, savoir celle de l'air et celle de la terre intérieure, doivent s'accumuler et se rejoindre en produisant les jets de lumière qui constituent les auréoles boréales et australes. Admettons sous toutes réserves cette vue théorique. Il devra en résulter des courans électriques, et ceux-ci devront agir sur l'aiguille aimantée et lui faire subir des agitations qui trahiront l'existence de l'aurore polaire, même pour un observateur situé sous les voûtes massives de l'Observatoire de Paris, bâti par Perrault bien plus en architecte qu'en astronome praticien. Ce qui est bien plus étrange, c'est que l'influence d'une aurore boréale de Scandinavie se fasse sentir à Paris fort au-delà de l'horizon où le météore électrique peut être aperçu. M. Arago avait installé à l'Observatoire de Paris une grande boussole de Gambey, et il avait donné pendant plusieurs années une attention soutenue à toutes les perturbations de ce délicat instrument. C'est à lui qu'on doit la date de 1816 pour l'époque où l'aiguille aimantée avait atteint sa plus grande déviation vers l'ouest, depuis l'année 1666, où elle pointait juste au nord. Il avait de même noté les époques des perturbations de l'aiguille aimantée, et à l'occasion il les confrontait avec l'époque des aurores boréales observées dans le Nord. Toujours il y avait coïncidence, et l'aurore boréale avait toujours produit un effet marqué sur la tranquillité de l'aiguille, qui avait été agitée alors de mouvemens extraordinaires. Nous reviendrons là-dessus ainsi que sur les orages magnétiques du globe, si bien étudiés par M. de Humboldt.

Voici à ce propos un fait dont j'ai été témoin un soir à l'Observatoire. Un savant allemand, M. F…, qui s'occupait aussi de l'exploitation des mines pour le compte de compagnies industrielles établies en diverses parties du globe, dit à M. Arago qu'il pouvait lui fournir la date d'une très brillante aurore boréale par lui observée sous le cercle polaire. « Attendez, dit M. Arago, je vais chercher mes registres, et si vous voulez bien écrire, en m'attendant, la date de votre observation, nous jugerons sans incertitude de la coïncidence des perturbations de l'aiguille de Paris avec l'aurore boréale de la Norvège. » Après le départ de M. Arago, M. F… écrivit, je crois, la date de la nuit du 1er au 2 janvier 1825 pour les pays où il y a une nuit, car alors le soleil ne se levait pas du tout pour les latitudes où était M. F… Je lui demandai naturellement s'il était bien sûr de cette date. — Oh ! parfaitement, car à ce jour et à cette heure ma femme accouchait sur la neige, juste sous le cercle polaire. — Et pourquoi sur la neige ? — Oh ! c'est qu'elle étouffait dans son traîneau. Il faisait très clair à la lueur de l'aurore boréale, et nous voyagions vers les mines de cuivre d'Alten. Ainsi la date de la naissance de mon fils aîné me donne celle de cette brillante aurore boréale. — Il me semble que c'était bien dur pour une femme dans un pareil état de voyager et d'accoucher sur la neige. — Oh ! il fallait que ce fût ainsi. — Comment ? — Oh ! le voici. Comme je terminais mes études à l'université, j'avais, ainsi que plusieurs étudians, une *promise*. — Qu'est-ce qu'une promise ? — Oh ! c'est comme on dirait en français une fiancée, une personne que je devais épouser. — Eh bien ! — Oh ! nous devions nous marier au bout d'un an, vers Pâques. Et où étais-je alors ? — Je l'ignore. — Oh ! j'étais en Transylvanie, occupé aux mines de… Notre mariage fut donc renvoyé à Pâques de l'année suivante. — Puis il me déduisit avec une forme de discours constamment la même qu'il avait successivement différé son mariage parce qu'il avait visité les mines de l'Espagne, de la Sibérie et du Mexique. Enfin il avait épousé sa promise au passage, entre deux missions minéralogiques, et il trouvait tout naturel que son fils eût vu le jour sous le cercle polaire. Il me dit du reste que sa femme n'avait point souffert de cette rude épreuve. Là-dessus M. Arago arriva avec son registre d'observations, et nous y trouvâmes qu'à la date écrite par M. F… l'aiguille aimantée de l'Observatoire de Paris avait été agitée de mouvemens extraordinaires de plusieurs minutes d'amplitude. L'électricité, ce fluide vital de notre globe, avait, par sa rupture d'équilibre, causé pour ainsi dire des vapeurs et des mouvemens nerveux au léger barreau aimanté dirigé par son influence. Cet agent mystérieux ne nous a pas sans doute encore dit tout ce qu'il peut nous apprendre sur la constitution intime du globe et sur ses changemens internes. En cela comme en bien d'autres parties du domaine des sciences, *la postérité saura.*

La grande théorie de Laplace sur la fluidité ignée de l'intérieur de notre globe permet de penser qu'en vertu d'un mouvement de rotation plus rapide dans les continens que dans la masse centrale, ceux-ci, au bout d'un certain temps, font le tour entier du noyau central et correspondent successivement à des points différens de ce noyau. Il doit en résulter des déplacemens, des remous du fluide intérieur, à cause de l'inégalité de forme et d'épaisseur des couches continentales. Certains bruits souterrains que l'on entend au moment des éruptions volcaniques paraissent dus à des masses rocheuses que le déplacement de la lave sous-continentale roulerait avec fracas au-dessous de la partie solide de l'écorce du globe, comme si, sous la glace inégale d'un étang gelé, les mouvemens de l'eau déplaçaient des glaçons qui heurteraient par en bas les inégalités de la croûte congelée. Au reste, je n'indique cette idée que comme une pierre d'attente pour une théorie détaillée qui reste à construire, et qui ne pourra être construite qu'après qu'on aura recueilli tous les faits que l'observation peut fournir à la théorie.

On a objecté à la fluidité intérieure de notre globe cette idée, que si la terre était encore presque tout entière en fusion, les marées produites par la lune et par le soleil sur ce liquide immense devraient continuellement en changer la forme et disloquer perpétuellement cette croûte peu épaisse qui forme nos continens, et qui n'a pas soixante kilomètres d'épaisseur, d'après la loi de progression de la température, qui nous indique qu'à cette profondeur, et à la température qui y règne, toutes les roches non cristallisées qui se sont formées hors de l'influence des agens météorologiques seraient dans un état complet de fusion. Je m'étonne que Laplace n'ait pas prévu cette objection, qu'Ampère et plusieurs savans faisaient et font encore journellement à la belle théorie de ce grand homme. Je vais montrer péremptoirement qu'elle ne tient pas contre un examen approfondi. Calculez de combien la lune soulèverait la surface de notre globe, si elle restait constamment au-dessus d'un même point ; vous trouvez que son action est au-dessous d'un neuf-millionième de la pesanteur qui retient les matériaux de notre globe. Elle ne soulèverait donc pas la portion de la surface qui serait au-dessous d'elle d'un neuf-millionième de la distance du centre de la terre à sa surface, et comme cette distance n'est que d'un peu plus de six millions de mètres, le soulèvement ne serait que de deux tiers de mètre tout au plus.

Notez que j'ai supposé la lune immobile et produisant tout l'effet qu'elle peut produire avec le temps, tandis qu'en réalité elle passe successivement au-dessus des divers points de la terre, et qu'elle répartit successivement sur tous sa force soulevante, déjà très faible. Dans toutes les mers largement ouvertes, les marées des océans sont peu de chose, et l'on peut considérer le fluide intérieur de la terre comme une mer sans rivages aussi bien que notre atmosphère, dont les marées sont de même presque imperceptibles au baromètre. Admettons jusqu'à un mètre pour la force avec laquelle les deux astres qui tourmentent continuellement nos grands océans agiraient sur la terre ; pense-t-on que l'enveloppe continentale se déformât pour un poids de terrain dont l'épaisseur serait d'un mètre, et cette surcharge en plus ou en moins pourrait-elle faire craquer une couche compacte de 60 kilomètres d'épaisseur ? Quelques météorologistes ont cru remarquer que les tremblemens de terre s'étaient manifestés en plus grand nombre à l'époque des syzygies, où les actions de la lune et du soleil conspirent ; mais ces actions sont si faibles, que deux actions pareilles ne produiraient pas plus d'effet qu'une seule. Si on attelait un chat à une voiture pour la traîner, croit-on qu'on la mobiliserait davantage en y attelant deux chats ou même une douzaine de ces faibles animaux ?

En résumé, la terre est une grande machine électrique, un grand appareil de Volta. Elle engendre en elle-même les courans qu'elle fait circuler de l'est à l'ouest. Ces courans en font un grand aimant semblable à ceux qu'Ampère a construits avec des fils convenablement pliés et parcourus par le courant voltaïque. Ces courans terrestres ne sont nullement hypothétiques. On peut les dériver dans des fils conducteurs soudés à des plaques métalliques enfoncées sous le sol, et même on les a fait travailler, par exemple pour entretenir indéfiniment le mouvement d'une horloge sans avoir besoin de la remonter. Plusieurs personnes ont pensé que ces courans, qui agissent si énergiquement sur l'économie organique, étant modifiés par l'action du soleil et par les influences météorologiques, pouvaient agir en bien ou en mal sur la végétation et sur la santé publique. Que répondre à toutes ces questions, d'ailleurs fort importantes ? Comme le faisait souvent Lagrange, le géomètre sans pair : « Je ne sais pas. » On peut encore dire

comme Charles, l'excellent physicien et expérimentateur :
« Adressez-vous à Dieu ; il n'y a que lui actuellement qui
sache cela. »

BABINET, de l'Institut.

DU

MAGNÉTISME

TERRESTRE

III.

LA TERRE CONSIDÉRÉE COMME UN VASTE AIMANT.

Spiritus intus alit.
Il y a au dedans un esprit subtil.
VIRGILE.

Je dois convenir que c'est pour cause d'ignorance que j'ai tant tardé à terminer cette étude, commencée il y a quelques mois[1], sur le magnétisme de notre globe, qui est en réalité un gros aimant agissant sur l'aiguille de la boussole et sur tous les corps, soit naturellement, soit artificiellement magnétiques. Le désir, ou, pour mieux dire, l'ambition de mettre sous les yeux des lecteurs de la Revue tout ce que l'on a découvert de plus récent sur ce vaste sujet, surtout depuis que les courans électriques se sont trouvés être des aimans véritables, m'aurait mené trop loin. La discussion des résultats modernes nécessitait un travail immense. Notre savant confrère M. Duperrey, qui a éclairé tant de questions relatives au magnétisme terrestre, soit dans son cabinet à Paris, soit en faisant le tour du monde avec l'expédition scientifique sous ses ordres, a pensé que le public pourrait se contenter de ce que je sais moi-même aujourd'hui, et il m'a conseillé de réserver mes études subséquentes pour le moment où la science serait tout à fait fixée. À ce compte, la curiosité de ceux qui s'intéressent à ces grands problèmes pourra ne pas être satisfaite de longtemps. Lorsque le savant Huet, évêque d'Avranches (qui, suivant l'allitération de Voltaire, *pour la Bible toujours penche*), fut installé dans son évêché, on répondait souvent aux paysans qui demandaient à lui parler, que monseigneur ne pouvait les recevoir parce qu'il était occupé à étudier. — Le roi aurait bien dû nous donner un évêque qui eût fait ses études, répondaient ces bonnes gens. — Je dirai de même que le recueil où j'écris aurait bien dû trouver, si possible, un physicien prêt à juger en dernier ressort les nombreux travaux publiés sans cesse sur le magnétisme terrestre. Plusieurs de ces résultats annoncés avec pompe sont, suivant M. Duperrey, très susceptibles de discussion, en sorte que, pour avoir le dernier mot sur chaque chose, il faudrait plusieurs expéditions spéciales et un grand nombre d'observatoires disséminés systématiquement sur le globe. En attendant cet ensemble de recherches combiné pour le monde entier, l'Angleterre et la Russie, l'une parce qu'elle a de nombreuses colonies au nord et au sud, l'autre parce qu'elle est elle-même en superficie presque un monde, ont eu le mérite et l'honneur de contribuer plus qu'aucune autre nation au progrès de la science du magnétisme terrestre, pour laquelle la France, par ses expéditions réitérées, avait déjà beaucoup fait. Je pense que le monde scientifique doit avec justice faire remonter la gloire de ces belles découvertes à M. Alexandre de Humboldt, qui le premier sentit toute l'importance de la géographie physique, et inaugura le commencement de ce siècle par des voyages qui nous acquirent beaucoup de science positive, et de plus servirent de modèle pour s'avancer hardiment dans la carrière ouverte par ce grand génie observateur de la nature.

Si j'insiste sur la difficulté d'arriver à des conclusions définitives sur les nombreux travaux relatifs au magnétisme du globe, qu'on veuille bien ne point m'accuser de fausse modestie. Je sais qu'il y a quelque inconvénient *à faire le modeste*, car souvent alors *on est cru sur parole*. À ce propos, voici un mot du célèbre abbé Maury, qui fut cardinal sous l'empire. Un ancien courtisan *rallié*, le rencontrant aux Tuileries, lui dit assez malignement : — Eh ! monsieur l'abbé, comment vous trouvez-vous ici ? — Ici, comme ailleurs, monsieur le comte, quand *je me juge*, je me *trouve* peu de chose (geste d'humilité). — Puis, continuant avec un ton très différent : — Mais j'avoue que quand je me *compare*, j'ai un peu meilleure opinion de moi !

C'est au perfectionnement de la boussole que sont dues les premières observations sérieuses sur l'aimantation du globe. Quand nos relations indirectes avec la Chine eurent donné aux nations actives de la partie occidentale de l'ancien monde la boussole avec l'imprimerie et la poudre de guerre, on ne se contenta plus du grossier mécanisme primitif des immuables habitans du Céleste-Empire. La boussole (*bussola*, petit cabinet vitré, petite caisse vitrée, en prenant le contenant pour le contenu) fut installée à bord des navires, et, quand les nuages cachèrent le ciel, devint un guide fidèle pour les marins de toutes les nations. Puis de longues traversées, telles que celle de Christophe Colomb en Amérique et les voyages des Portugais aux grandes Indes, montrèrent que ses indications étaient différentes suivant les divers points du globe. Plus tard encore, on sut que, pour un même lieu, la direction de l'aiguille changeait de siècle en siècle. Ainsi un barreau aimanté, suspendu librement, se dirigeait, au siècle de Louis XIV, droit au nord par une de ses pointes, et droit au sud par l'autre. C'était en 1666, l'année de la fondation de l'Académie des Sciences.

Depuis, l'aiguille aimantée s'était, jusqu'en 1816, graduellement déplacée de vingt-deux degrés et demi vers l'ouest. Enfin, depuis ce temps, elle a repris sa marche pour retourner vers le méridien et se rapprocher de la ligne nord et sud.

Si Kepler, qui assimilait la terre à un grand animal vivant, suivant l'expression d'Ovide :

.... Est animal tellus et vivit.

avait connu la théorie électrique du magnétisme terrestre, il n'eût pas manqué de voir dans le fluide électrique le fluide nerveux et vital de notre planète, et de cette assimilation il eût peut-être tiré quelque conclusion inattendue et vraie, comme celle qu'il a déduite si admirablement de considérations encore plus étranges.

Voici le plan que j'adopte pour l'exposé des diverses particularités de l'aimantation du globe. Je poursuis la comparaison des effets produits par notre planète avec ceux que produit un aimant ordinaire, en tenant compte des circonstances de distance et de grandeur qui en font varier les effets divers, sinon dans leur essence, au moins dans leurs circonstances de détail. Nous examinerons donc, successivement dans le grand aimant terrestre son influence attractive sur le fer, l'aimantation qu'il détermine, la direction horizontale qu'il donne à l'aiguille aimantée, l'inclinaison plongeante vers le pôle qu'il la force à prendre dans l'état libre, la force ou l'intensité avec laquelle il dirige cette aiguille, la position des pôles magnétiques où cette aiguille est verticale, celle des diverses lignes magnétiques relatives à la direction horizontale, à l'inclinaison, à l'intensité ; ensuite les changemens que le cours des siècles apporte dans tous ces élémens de la physique de notre globe, tels que la marche du pôle magnétique et le transport des lignes d'aimantation tout d'une pièce vers l'ouest ; puis les influences calorifiques du soleil, et l'action de cet astre et de la lune, considérés eux-mêmes, ainsi que la terre, connue de véritables aimans, avec leurs propres pôles ; enfin la théorie électrique de tous ces phénomènes. Voilà de quoi faire dire au lecteur : Assez ! *jam salis est.* Après cet exposé, on peut lui conseiller sans honte d'attendre, pour de plus amples détails, les progrès futurs de la science.

Prenez un barreau aimanté et approchez-le d'un morceau de fil de fer, il l'attire. Voici pourquoi. Il commence par faire naître deux pôles dans ce fil de fer ; puis, comme il agit de plus près sur le pôle voisin que sur le bout opposé, il attire le bout qui est à sa proximité plus qu'il ne repousse le bout opposé : il appelle donc à lui ce morceau de fer allongé. Comme, sur la terre, les deux pôles sont fort éloignés de ceux que possède une aiguille aimantée, ils attirent autant un des pôles de l'aiguille ou du barreau aimanté qu'ils repoussent l'autre, et par suite l'aiguille ne se meut pas, mais elle tourne sur elle-même de manière que son pôle attiré soit le plus près possible du pôle terrestre voisin, et que le pôle repoussé en soit au contraire le plus loin possible. Il n'y a donc pas de tendance au déplacement, mais une simple force directrice dans la ligne d'un pôle à l'autre. Cependant, si, par la pensée, on crée un immense barreau ou aiguille aimantée, allant par exemple de la France jusqu'à l'Islande, son extrémité nord, plus voisine du pôle magnétique américain, étant plus attirée que l'extrémité française n'est repoussée, la masse entière tendrait à se mouvoir vers le nord. Des expériences de la plus grande délicatesse ont été faites par les physiciens pour constater ce résultat théorique. On a suspendu par des fils de soie non tordus une règle de bois horizontale qui portait des barreaux aimantés sur des pivots soutenus par la règle horizontale. Jamais les pivots et la règle qui les portait n'ont été entraînés le moins du monde dans un sens déterminé. Il ne reste donc plus qu'à voir si le globe aimante, comme il doit le faire, les morceaux de fer ou d'acier susceptibles de magnétisme. Or ici on n'a que le choix des faits, aussi nombreux que peu remarqués par les yeux distraits, j'oserais même dire aveugles, de la foule, qui passe inattentive à travers toutes les merveilles de la nature, quand elles ne font pas spectacle. « Pour qu'un acteur soit applaudi, disait Horace, il faut qu'il paraisse sur la scène affublé des plus riches et des plus brillans tissus étrangers. » Il est bien plus sage de reconnaître que la nature n'est jamais plus grande que dans les petits objets.

Maximus in minimis certè Deus !

Ainsi donc prenez entre deux doigts un petit fil de fer long et gros comme une très petite aiguille à coudre, et présentez-le à l'extrémité inférieure d'une de ces tiges de fer qui, sous le nom d'espagnolettes, servent à fermer nos fenêtres par deux crochets, formés d'un recourbement, qui mordent dans un arrêt en haut et en bas de la fenêtre. En présentant le fil de fer par une de ses extrémités à celle de l'espagnolette, vous le verrez adhérer à la grande tige de fer, laquelle a été aimantée par la seule influence du globe terrestre. On doit à Gilbert, qui publia en 1600 un livre curieux sur l'aimant, une expérience plus décisive encore. Prenez un barreau de fer doux et suspendez-le très délicatement par des fils sans torsion dans une position horizontale, le globe terrestre ou, si l'on veut, l'aimant terrestre l'aimantera peu à peu, et au bout de quelques minutes il se dirigera faiblement, mais sans indécision aucune, dans la ligne nord et sud, comme l'aiguille fortement aimantée de la boussole. Si vous le retournez bout pour bout, il change d'aimantation à l'instant, l'extrémité nord devient l'extrémité sud, et il se dirige comme auparavant.

Il n'est pas besoin d'une boussole précieuse construite dans les ateliers de Brest pour des vaisseaux de haut bord, ou chez nos meilleurs constructeurs de Paris et de Londres, pour avoir une aiguille aimantée qui montre le sud et le nord magnétiques. Aimantez une simple aiguille à coudre, et après l'avoir frottée de suif ou de cire, mettez-la flotter sur la surface de l'eau contenue dans un verre a boire ordinaire. La couche imperceptible de matière grasse qui la recouvre l'empêchera de s'enfoncer, et vous la verrez prendre fidèlement la direction de l'aiguille de la boussole. Tout le monde a vu ces insectes à longues pattes qui courent à la surface de l'eau sans y pénétrer, à cause de la même particularité, savoir que, l'extrémité de leurs pieds étant pourvue d'une matière onctueuse qui les empêche de se mouiller, ils dépriment le liquide en concavité suffisante pour les porter, et ils y jouent impunément comme sur un sol imperméable. On sait que, Franklin leur ayant fait la malice de leur laver les pieds avec de l'esprit de vin, les pauvres insectes, avec leurs pieds dégraissés, enfonçaient immédiatement.

On peut aussi établir une petite boussole très élégante avec une aiguille à coudre, une épingle et une toute petite boule ou cylindre de liège ou de cire. Piquez l'épingle dans ce petit bâton de liège ou de cire, et mettez le tout flotter dans un verre d'eau, puis placez au-dessus l'aiguille à coudre préalablement aimantée et à laquelle le bâton de liège ou de cire lesté par l'épingle servira de support. Cette aiguille vous fera une excellente boussole, et vous pourrez. vous en servir aussi pour examiner les attractions et les répulsions des corps aimantés ou susceptibles d'aimantation.

Ce n'est pas tout encore : si vous n'avez pas d'aimant à votre disposition, prenez une pelle ordinaire de foyer et posez-la par terre en dirigeant le manche à peu près vers le nord ; posez votre aiguille à plat et la pointe en bas sur la partie large qui sert à recueillir les cendres, puis, tenant de l'autre main la pincette qui accompagne la pelle (ou le poker si vous êtes en Angleterre), frottez à plusieurs reprises l'aiguille à coudre tout de son long avec l'extrémité de la pincette ou du poker en allant de haut en bas, sans revenir en sens contraire. L'aiguille sortira de là très sensiblement aimantée, elle se suspendra à une clé de fer, et placée sur l'eau, elle prendra très bien la direction nord et sud.

Les physiciens se sont quelquefois donné le plaisir d'aimanter fortement des barreaux d'acier sans avoir eu primitivement à leur disposition des aimans naturels ou artificiels, et sans employer les courans électriques. Il suffit de tenir les barreaux verticalement et de les frapper avec un marteau ou un maillet de bois pour que le globe leur communique un faible commencement d'aimantation, lequel, renforcé ensuite par des frictions mutuelles de barreaux sur barreaux, arrive à ce qu'on appelle la saturation, c'est-à-dire à un tel degré de magnétisme qu'il est impossible d'y rien ajouter. Dans une de nos séances expérimentales avec Ampère, une aiguille à coudre, que j'aimantai extemporanément avec une pelle et une pincette, nous fit un très bon service.

On a encore réussi à remplacer les aimans ordinaires par le globe terrestre pour la production de courans électriques dans des fils métalliques enroulés en circuits de diverses formes, et pour la direction de ces fils, qui se comportaient exactement comme s'ils avaient été sous l'influence d'un aimant ayant ses pôles nord et sud comme ceux du globe terrestre. On peut citer M. Délezenne. correspondant de l'Académie des Sciences, comme ayant fait d'intéressantes expériences sur ce sujet.

Sans multiplier ces exemples, disons tout de suite que le soleil et la lune étant probablement magnétiques comme notre globe, ils doivent agir par leurs pôles sur nos barreaux aimantés terrestres. Le dernier des Cassini est celui qui a d'abord observé les effets qui pouvaient provenir de cette cause. Il reste encore bien des choses à chercher là-dessus ou à conclure des expériences faites dans les observatoires magnétiques. Une circonstance digne de remarque, c'est que le soleil et la lune se présentent à nous par leur équateur et jamais par leurs pôles. Ils sont donc, par rapport à nos boussoles terrestres, dans le même cas que des aimans que l'on présenterait par le milieu et non point par leurs extrémités, ce qui est la position la plus désavantageuse pour produire un effet, puisqu'alors les deux pôles, étant à peu près à des distances égales, exercent des actions contraires qui se neutralisent réciproquement. La position de l'orbite de notre satellite n'est pas toujours la même par rapport à l'équateur terrestre ; tantôt elle est moins inclinée que l'écliptique sur cet équateur d'environ 5 degrés, tantôt elle est plus inclinée de la même quantité. Cette variation équivaut environ à vingt fois le diamètre de la lune. La présente année 1857 est une de celles où notre satellite s'écarte le plus de l'équateur. Aussi a-t-on remarqué que les pleines lunes de cet été étaient fort basses ; en revanche les pleines lunes de cet hiver seront fort élevées dans le ciel ; la lune, suivant l'ancien dire des astrologues (qui ont introduit ce mot dans la langue commune), est cette année hors de son orbite ordinaire ; elle est *exorbitante*. Grammaire à part, dans ses excursions extrêmes, elle nous découvrira ses pôles cette année un peu plus que de coutume, et devra agir davantage comme un aimant étranger sur nos délicates aiguilles. La même position se reproduira en 1876, après dix-neuf ans, ce qui est la période de révolution des nœuds de la lune qui ramène les lunaisons à peu près dans le même ordre. C'est le fameux nombre d'or, qui n'est plus en usage maintenant que dans le calendrier ecclésiastique, depuis que l'année de Jules César et du pape Grégoire XIII n'est plus réglée que sur le mouvement seul du soleil. Je crois que c'est à l'observatoire de Prague qu'ont été faites les observations les plus récentes et les plus précises sur l'action magnétique du soleil et de la lune.

Venons à la direction de l'aiguille aimantée par le globe. C'est la plus célèbre et la plus utile des propriétés de l'aimant. On peut même dire qu'elle est tout à fait magique. Lorsqu'on dit à ceux qui, avec une intelligence cultivée d'ailleurs et même avec de l'imagination, sont étrangers à la physique, qu'une petite lame d'acier tournant sur la pointe d'un pivot regarde le nord obstinément, que sous un toit, au fond d'une mine, malgré le brouillard, la pluie, le temps couvert et tous les météores qui nous cachent les astres, elle ne perd jamais de vue le point du ciel qu'elle nous indique fidèlement, on voit aux explications qui sont demandées que la croyance à cette merveille n'entre que difficilement dans les esprits. Chinois stupidement ingénieux, quelle part vous faire dans la reconnaissance du genre humain, relativement à la boussole ? Vous avez trouvé un diamant, mais vous ne l'avez pas taillé ; vous ne l'avez pas même dégrossi, vous n'en avez même pas lavé la terre qui le salissait, mais votre inertie même, qui a conservé le grossier petit chariot portant l'aimant, assure vos droits à la plus belle des inventions, comme votre invariable manière d'imprimer assure vos droits à la plus utile des créations du génie de l'homme. L'imprimerie, par rapport à l'écriture et à la pensée, a été ce que les voitures à vapeur sont aux modes anciens de transport des voyageurs.

Le marin au milieu des déserts de l'Océan, le voyageur au milieu des pays sans habitans et sans routes, l'ingénieur qui lève le plan d'une mine ou d'une forêt, le pieux musulman qui veut orienter vers La Mecque la natte sur laquelle il va se mettre à genoux, enfin le physicien penseur qui tâche de remonter vers la cause d'un si curieux phénomène, tous ont l'œil fixé sur l'aiguille animée d'un instinct mystérieux. Dieu est grand ! *Allahou akbar* ! dit l'impassible musulman. Le savant, plus ambitieux, dit : Pourquoi ?

Cette direction constante de l'aiguille n'est pas exactement vers le nord. Il suffit pour qu'on l'utilise qu'elle ne varie pas beaucoup pendant un assez long espace de temps, mais la notion que je veux ici rattacher immédiatement à cette direction à peu près constante de l'aiguille aimantée, c'est la variation de cette déclinaison qui a lieu chaque jour. Chaque jour, le matin, la pointe polaire de l'aiguille, qui est chez nous la pointe nord et dans l'autre hémisphère la pointe sud, semble fuir le soleil et marche vers l'occident jusque vers le milieu du jour. Elle revient ensuite pendant la soirée à sa position primitive et reste tranquille pendant la nuit. Plus rarement elle commence sa marche par un petit mouvement vers le soleil, puis elle le fuit comme à l'ordinaire, mais elle revient le soir un peu au-delà de sa position du matin, et elle fait alors un petit mouvement contraire pour reprendre exactement son point de départ. J'essaierai tout à l'heure, d'après la belle loi de M. Duperrey, de faire comprendre la cause de ce curieux phénomène.

Si, sur la terre, un observateur marche toujours vers le nord, en prenant le milieu entre les excursions extrêmes des étoiles qui environnent le pôle, il suit ce qu'on appelle un méridien terrestre, et tous les observateurs qui suivraient une route semblable iraient se réunir au pôle terrestre, après avoir tracé sur la terre une ligne quelconque qui serait mathématiquement un *méridien géographique*. M. Duperrey appelle fort justement *méridien magnétique* la ligne que tracerait sur le globe un observateur qui suivrait constamment la direction indiquée par la boussole. On trouve ainsi que tous les méridiens magnétiques, au lieu de se réunir, au pôle nord et au pôle sud de la terre, concourent, pour l'hémisphère septentrional, vers un point ou pôle situé au nord de l'Amérique, et, pour le sud, vers un pôle qui n'est pas tout à fait placé à l'opposé de celui-ci.

M. Brück, savant belge, auteur d'un ouvrage très original intitulé *Électricité, ou Magnétisme du globe terrestre*, fait marcher de siècle en siècle ce pôle magnétique vers l'ouest. M. Duperrey est d'une opinion tout à fait contraire. On me reproche de n'avoir pas parlé du livre de M. Brück et de ne pas lui avoir rendu justice ; mais suis-je donc l'arbitre nécessaire de tous les travaux de géographie physique, théorique et pratique ? Ici, sans balancer, je plaiderai la cause d'incapacité.

M. Duperrey a tracé sur de belles cartes, non moins exactes pour la géographie proprement dite que pour la physique magnétique du globe, tous les méridiens magnétiques. Il a tracé de même des lignes courbes perpendiculaires à ces méridiens comme le sont nos parallèles géographiques aux méridiens ordinaires, et il a été conduit à cette belle loi, que, sur chaque parallèle magnétique, la force du magnétisme était la même partout, comme sur les parallèles géographiques la pesanteur est partout la même. Voyons donc ce que c'est que la force magnétique, dont le nom scientifique est intensité.

Imaginez un barreau aimanté horizontal suspendu à un fil métallique. Si vous tordez le fil qui supporte l'aimant, celui-ci cédera un peu et déviera de sa position naturelle. Il est évident que plus la terre fera effort pour le maintenir dans sa position primitive, plus il faudra tordre le fil pour l'écarter. Ainsi, tandis que pour le faire dévier de 10 degrés par exemple dans une localité, il faut tordre le fil de suspension de 100 degrés, il faudra le tordre de 200 degrés dans un lieu où la force de la terre sera deux fois plus grande. On pourra donc *mesurer* la force de la terre comparativement dans ces deux endroits, et, par une déduction dont je supprime le détail, on conclura de la force horizontale la force magnétique totale du globe. Or la loi de Duperrey consiste précisément en ce que les lignes perpendiculaires aux méridiens magnétiques, ou, si l'on veut, les parallèles magnétiques, sont sur la terre les lignes d'égale force ou d'égale intensité.

Me voilà, je pense, en position d'expliquer au lecteur curieux la variation diurne de l'aiguille. Qu'il veuille bien admettre avec M. Duperrey que les lignes d'égale intensité sont dirigées en chaque lieu perpendiculairement à l'aiguille aimantée, et réciproquement que l'aiguille aimantée se tient constamment à angle droit sur les lignes d'égale force. Voilà le soleil qui se lève et qui répand sur l'horizon oriental ses rayons calorifiques. À l'instant même, le magnétisme terrestre faiblit dans la région échauffée. Pour trouver les mêmes intensités qu'auparavant, il faut remonter vers le pôle. La ligne d'égale force se reporte donc un peu au nord, et par suite l'aiguille, qui lui est toujours perpendiculaire, doit marcher à l'ouest. Le soir c'est l'occident qui est échauffé à son tour. Les lignes d'égale force qui du côté de l'orient étaient remontées vers le pôle redescendent à leur place primitive, et au contraire, dans la région occidentale, il faut remonter vers le nord pour trouver des intensités égales à celles qui existaient le matin. L'aiguille aimantée, pour rester perpendiculaire à ces lignes qui se relèvent vers le nord dans la région occidentale, est donc obligée de marcher vers l'est, c'est-à-dire de retourner vers sa position du matin. Dans notre Europe, c'est pendant le printemps et l'été que cette influence s'exerce le plus énergiquement, comme il était naturel de le prévoir, puisque ce sont les saisons chaudes pour notre hémisphère, saisons où l'action du soleil est la plus énergique. Les variations diurnes de l'aiguille sont alors d'environ un quart de degré, tandis que dans la saison froide elles atteignent à peine à la moitié de cette quantité. En général, nous devons à M. Duperrey beaucoup de notions précieuses sur l'influence calorifique du soleil agissant sur le magnétisme du globe. Les lignes magnétiques s'accordent sensiblement avec les lignes de chaleur égale dont j'ai parlé ailleurs. Une des importantes déductions théoriques qui naissent de là, c'est que les courans électriques du globe sont bien plus superficiels qu'on ne le supposait avant les observations de M. Duperrey.

Puisque dans nos contrées le mouvement diurne de chaque jour consiste en ce que la pointe polaire, la pointe nord de l'aiguille marche vers l'ouest le matin et retourne le soir en sens contraire, il doit arriver dans l'hémisphère austral que la pointe polaire, qui est là-bas la pointe sud, marche le matin vers l'ouest, et que par suite la pointe nord vienne le matin vers l'est, contrairement à ce qui a lieu dans les zones tempérées de l'hémisphère nord. Que se passe-t-il entre ces deux extrêmes ? L'aiguille reste-t-elle stationnaire tout le jour ? Non. Elle doit donc tantôt faire comme l'aiguille de l'hémisphère nord, tantôt suivre la marche de l'aiguille de l'hémisphère opposé. Ces régions intertropicales ont le soleil tantôt au nord, tantôt au sud, et deux fois par an il passe sur la tête de leurs habitans. Les cadrans y marquent des deux côtés, suivant la position actuelle du soleil. Est-ce au moment où cet astre passe du nord au sud, ou réciproquement, que se fait l'inversion dans ce sens de la marche journalière de l'aiguille ? M. d'Abbadie, toujours très zélé pour la science, avait bien voulu, à la demande de M. Arago, faire le voyage de Fernambouc, sur la côte orientale de l'Amérique du Sud, pour décider la question. Il fut mal récompensé de son travail, qui n'a été que très incomplètement publié et à peine examiné par ceux qui s'occupaient alors du magnétisme terrestre. Depuis lors, le général Sabine, qui est aujourd'hui la grande colonne de la science magnétique du globe, le général Sabine, dis-je, a établi que c'est au moment précis où le soleil traverse l'équateur que se fait l'inversion dans le sens du mouvement journalier de l'aiguille ; mais comment cela se fait-il ? Je l'ignore, nous l'ignorons, tous l'ignorent. Triste conjugaison ! Attendons.

Passons à l'inclinaison. Si un ouvrier fait une aiguille bien pareille par les deux bouts et bien en équilibre avant qu'elle soit aimantée, on s'aperçoit tout de suite que la pointe nord, quand elle a été soumise à l'action des barreaux aimantateurs, penche sensiblement vers la terre, et que la position naturelle de l'aiguille serait plongeante avec la pointe nord en bas. On observe la même chose quand on promène une aiguille aimantée au-dessus d'un long barreau aimanté ; alors la pointe la plus voisine du pôle dont on s'approche s'abaisse vers ce pôle. On a construit des aiguilles portées par un axe horizontal qui les traverse et qui les laisse libres de prendre la direction qui leur convient. Cet appareil s'appelle aiguille d'inclinaison. On voit alors qu'en France l'aiguille est fortement inclinée, et qu'elle est même plus voisine de la verticale que de l'horizontale. De la ligne horizontale jusqu'à l'aiguille, il y a environ 68 degrés. Alors la pointe nord, qui est abaissée, n'est pas éloignée de la verticale d'une quantité égale à la moitié de la longueur de celle-ci. Si la moitié plongeante de l'aiguille avait, par exemple, un décimètre ou 100 millimètres, sa pointe inférieure ne serait éloignée de la verticale, passant par le centre de l'aiguille, que de 37 millimètres. Il y a sur le globe deux points où l'aiguille pointe précisément en bas vers la terre, ce sont les deux pôles magnétiques où tous les méridiens de M. Duperrey viennent aboutir. Il y a aussi une série de points où l'aiguille est horizontale et où ni l'une ni l'autre des extrémités ne s'incline sous l'horizon. C'est l'équateur magnétique ou ligne sans inclinaison. On a encore tracé sur les cartes géographiques les lignes d'égale inclinaison, puis les lignes suivant lesquelles l'aiguille pointe juste au nord, puis celles suivant lesquelles l'aiguille dévie du méridien géographique d'une quantité égale : ces dernières lignes s'appellent lignes d'égale déclinaison ; quant aux lignes d'égale intensité, elles sont perpendiculaires aux méridiens magnétiques, suivant la loi de Duperrey, et le tracé des méridiens magnétiques en donne la direction immédiatement. Il faut se hâter de dire que l'inclinaison et l'intensité ont, comme la direction horizontale de l'aiguille, leurs variations journalières, annuelles et séculaires enregistrées pour chaque localité.

Avec le nom de M. de Humboldt, je devrais mentionner ceux de Gauss, de Weber et d'Erman : les cartes de ces deux derniers, tracées soit d'après les faits individuels, soit d'après la théorie par laquelle Gauss a tenté de lier les diverses données de l'observation, sont des travaux de premier ordre.

À Paris, depuis l'époque des premières observations précises, l'inclinaison de l'aiguille a toujours été en diminuant, et rien ne nous indique l'époque où finira ce mouvement vers la position horizontale ; l'intensité varie aussi un peu et va en s'affaiblissant légèrement. Ainsi que je l'ai dit plus haut, l'aiguille aimantée pointait au nord en 1666. Elle était à sa plus grande excursion à l'ouest pour sa pointe nord en 1816, c'est-à-dire cent cinquante ans après. Probablement, vers 1966, elle pointera de nouveau exactement au nord comme en 1666. Il paraît certain que son excursion à l'est se fait en moins de temps que son excursion vers l'ouest, ce qui reviendrait, pour égaliser les deux périodes, à prendre pour état moyen non pas le méridien terrestre, mais bien une ligne dirigée sensiblement à l'ouest. L'aimantation du globe serait alors un peu de biais par rapport à sa figure sphéroïdale. Rien d'extraordinaire dans cette manière de voir, car si l'aimantation de la terre provient, suivant toute probabilité, des courans électriques qui circulent dans son ensemble, rien ne garantit la symétrie absolue de perméabilité, d'épaisseur des couches, de chaleur, de mouvement, et de toutes les circonstances qui influent sur le cours de ces fleuves de fluide électrique.

Il y a trente ou quarante ans, quand on ne savait pas que l'électricité était la cause du magnétisme, on attribuait l'aimantation du globe à des particules ferrugineuses disséminées dans cette vaste masse ; mais alors les variations journalières de l'aiguille auraient été assez difficilement explicables. Depuis peu, M. Faraday et M. Edmond Becquerel ont trouvé que l'oxygène de l'air (un gaz !) est magnétique. M. Faraday a même rattaché au magnétisme de cette portion de l'atmosphère les variations diurnes de l'aiguille ; mais là, comme en bien d'autres points du sujet que je traite ici, nous n'avons pas le dernier mot de la science.

Si l'on possédait une aiguille ou un barreau aimanté dont le magnétisme lut invariable, on pourrait, en voyant quelle force il faut pour le faire dévier de sa position d'équilibre, reconnaître de jour en jour, d'année en année et de siècle en siècle, comment varie la force magnétique du globe. Malheureusement les barreaux d'acier se désaimantent peu à peu, et pendant la durée d'un voyage même de moins d'un an, on est embarrassé pour juger de la déperdition graduelle de la force des barreaux et des aiguilles. Il a fallu chercher des combinaisons bien savantes pour avoir la *mesure absolue* de la force magnétique de notre globe. Je vais essayer de faire comprendre l'esprit de la méthode qui, dans le beau mémoire de Gauss, est parfaitement inintelligible au point de vue de l'interprétation physique. Admettons qu'à force d'art et de patience on ait construit deux très longs barreaux, ayant leurs pôles bien isolés, également forts dans chaque aimant, et enfin aimantés juste à tel degré que l'un de ces pôles, agissant sur un pôle pareil à lui, à une distance d'un mètre par exemple, exerce sur lui une attraction ou une répulsion égale à un milligramme (notez bien que, dans l'expérience, on suppléera par un petit calcul à une très grande difficulté de construction). Voilà donc mon pôle bien défini en force, et, soit dans le XIXe siècle ou dans le XXe on pourra toujours reproduire ce même pôle avec cette même intensité. Cela étant fait, la mécanique nous offre par des oscillations le moyen de déterminer la force qui fait osciller le barreau, comme la pesanteur se mesure par les oscillations d'un pendule ordinaire. On fera donc de siècle en siècle la détermination précise de cette force magnétique du globe agissant sur un pôle ayant toujours la même quantité de magnétisme, et on aura ainsi la force absolue du magnétisme terrestre. Tel est le fond de la méthode tout à fait mathématique de Gauss. C'est, en dernière analyse, l'action d'un aimant sur un aimant donnant la force des pôles de ceux-ci, puis ensuite l'action de la terre sur ces pôles ainsi déterminés. Comme je me suis beaucoup occupé de cet objet, et que même la traduction du mémoire latin de Gauss, insérée dans les *Annales de chimie et de physique*, a été faite par moi, j'aurais du naturellement chercher à revenir des notions abstraites de l'auteur allemand aux notions physiques que je viens de développer tout à l'heure ; mais la complication mathématique m'a fait différer cette espèce de traduction de la métaphysique du calcul en expressions purement physiques. Voici par exemple comment on indiquerait, pour une époque donnée, la force magnétique du globe terrestre : Sur un pôle tel qu'à un mètre de distance il exerce sur un pôle pareil à lui-même une action égale au poids d'un milligramme, le globe terrestre exerce une action égale à un *certain nombre de fois* l'action du pôle pris pour type s'exerçant à un mètre de distance. Je n'ai pas besoin de dire que ces difficiles déterminations mécaniques ne sont pas de l'ordre de celles qu'on peut mettre sous les yeux des lecteurs de la *Revue*, car elles dépassent même la portée ordinaire des études mathématiques.

Dans l'état actuel de la science, nous ne pouvons pas prévoir si les deux pôles magnétiques, c'est-à-dire les deux points où concourent les méridiens magnétiques, feront le tour entier des pôles de la terre, ou s'ils ne feront que se balancer à droite et à gauche d'une position moyenne. Quant à l'équateur magnétique et à l'ensemble des lignes d'aimantation, il semble qu'ils se transportent d'un mouvement continu vers l'ouest. Depuis les premières observations, ils sont passés d'Europe en Amérique. Au bout de plusieurs autres siècles, ils auront probablement fait le tour entier de la terre, et nous reviendront situés comme au xvie et au xviie siècle. Pour concevoir ce singulier transport, j'ai déjà indiqué qu'il fallait admettre que la croûte terrestre déjà solidifiée qui forme nos continens marche plus vite vers l'orient que le noyau central incandescent, et qu'ainsi les lignes magnétiques qui dépendent à la fois de la partie superficielle et de la partie centrale doivent rester en arrière, c'est-à-dire vers l'ouest, par rapport aux continens, qui vont plus vite vers l'orient que le reste de la masse terrestre. D'autres phénomènes du reste conduisent à la même manière de voir. Voilà donc bien des choses curieuses que l'étude du magnétisme terrestre nous dévoilera un jour.

J'ai déjà dit que l'aurore boréale, qui est un phénomène électrique, agit sur l'aiguille aimantée, et rien n'est plus concevable ; mais il est d'autres circonstances où, sans aucune cause perturbatrice apparente, l'aiguille s'agite, prend des mouvemens irréguliers, avance de plusieurs minutes dans un sens, puis recule de l'autre côté de sa position primitive. On a appelé ces singulières perturbations *orages magnétiques*. Il eût été sans doute plus exact de dire *orages électriques*. Ils s'observent au même instant physique tout autour de la terre. À Toronto dans l'Amérique du Nord, à Londres, à Paris, à Berlin, à Saint-Pétersbourg, l'aiguille ressent au même moment la même influence. On en avait tiré l'espoir de déterminer ainsi les longitudes de divers lieux, et M. de Humboldt avait même parlé de longitudes magnétiques ; mais la difficulté consiste à saisir un point précis dans la perturbation. Le commencement, le milieu, la fin du phénomène ne sont pas nettement tranchés. M. Arago, qui avait d'abord beaucoup patroné ces observations simultanées d'orages magnétiques, s'était définitivement prononcé contre les longitudes magnétiques. On conçoit assez facilement qu'une agitation intérieure du globe, un tremblement même insensible de la masse des continens qui flottent sur le noyau en fusion de la terre, peuvent troubler le courant continu d'électricité qui circule dans l'intérieur du globe, et comme c'est ce courant qui dirige les aiguilles, celles-ci suivront toutes les phases du courant auquel elles obéissent. La marche saccadée des effets produits alors est bien analogue à ce que nous voyons l'électricité faire dans plusieurs circonstances, et notamment dans les orages de foudre. La masse de faits recueillis et imprimés en Angleterre et en Russie est vraiment formidable, et je pense que ce sera plutôt en vérifiant sur ces faits des idées préconçues qu'en les coordonnant à priori, qu'on en tirera quelque chose d'utile aux progrès de la physique. Nos historiens modernes sont fort embarrassés de la masse des documens que renferment les feuilles quotidiennes et les mémoires particuliers : il en est de même pour les physiciens qui veulent constituer un ensemble de toutes les observations publiées depuis quelques années sur le magnétisme terrestre. On a d'abord songé à se procurer ces observations, il faut maintenant trouver un moyen de les utiliser. C'est là un beau sujet de prix pour les académies !

Il y a en Angleterre un district où les tremblemens de terre sont presque continuels. Il serait curieux de voir si l'aiguille aimantée en ressentirait l'influence. On sait qu'après une de ces crises de la nature, M. de Humboldt a trouvé en Amérique que la direction de la boussole avait été notablement changée, ce qui indiquait un changement dans la direction que suivaient les courans électriques. Or la dislocation des couches du sol doit probablement produire des effets du même genre.

Outre les pôles magnétiques, il y a d'autres points remarquables sur le globe : ce sont ceux où la force magnétique est plus grande ou plus petite que dans les régions environnantes. Ces points ont été appelés *pôles* ou *foyers d'intensité.* Le mot de *foyers* semble une dénomination assez bizarre, car c'est en Sibérie et au Canada, c'est-à-dire dans les deux localités les plus froides des deux continens, que sont situés deux de ces foyers d'intensité. Ils paraissent du reste agir énergiquement l'un et l'autre sur les aurores boréales, qui tantôt ont leur milieu dirigé vers le foyer de l'est, tantôt vers le foyer d'intensité de l'ouest. C'est à ce dernier que sont coordonnées nos aurores boréales de France et d'Europe. Les cartes de Gauss donnent aussi des points de plus faible intensité. L'île de Sainte-Hélène occupe un de ces points. En général, la force magnétique du globe va croissant des régions tropicales vers les pôles, et elle varie plus que du simple au double entre les localités où l'intensité est la plus forte et celles où elle est à son minimum. Si l'on pouvait admettre que c'est aux endroits où la croûte solide du globe est la plus épaisse que se trouvent situés les points de moindre intensité, ces points acquerraient par là une importance très grande. C'est dans les régions polaires qu'on trouve les plus grandes intensités, et c'est en hiver que l'intensité est la plus forte, car la chaleur est contraire à la conductibilité électrique, et l'on a observé que quand un câble télégraphique sous-marin atteint une grande profondeur dans une eau par suite plus froide, la transmission électrique gagne sensiblement par l'augmentation d'énergie du courant qui parcourt le fil porteur des dépêches.

On a cherché, en s'élevant sur les montagnes et en ballon et en descendant dans les mines profondes, à reconnaître quelles variations subit le magnétisme de la terre quand on se rapproche ou qu'on s'éloigne de son centre, mais on n'a rien obtenu de positif et de bien avéré sur ces questions, où cependant sont intervenus MM. Gay-Lussac, Biot, de Humboldt et Bravais.

La conclusion à laquelle nous ramènent ces diverses observations, c'est que notre globe est un vaste aimant sphérique qui doit son magnétisme à des courans électriques allant de l'est à l'ouest, et qui éprouvent des influences appréciables du soleil et de la lune, considérés eux-mêmes comme d'autres aimans. De plus, la chaleur du soleil tourmente de mille manières les élémens magnétiques de ce globe, lesquels subissent encore des changemens séculaires, dus sans doute aux modifications de la constitution intérieure de la terre, et qui pourront, dans un avenir lointain, nous fournir des lumières sur ce qui se passe dans ces invisibles et inaccessibles régions, et enfin, suivant le vers de Virgile,

Pandere res altà terra et caligine mersas.
« Révéler les secrets du monde souterrain ! »

BABINET, de l'Institut.

1. ↑ Voyez la *Revue des Deux Mondes* du 1er janvier et du 15 avril 1857.